煤矿一般从业人员安全技术培训系列教材

通风防尘防灭火作业

河北省安全生产监督管理局　组织编写

煤炭工业出版社

·北　京·

图书在版编目（CIP）数据

通风防尘防灭火作业/河北省安全生产监督管理局组织编写．--北京：煤炭工业出版社，2018（2019.6 重印）

煤矿一般从业人员安全技术培训系列教材

ISBN 978-7-5020-6821-9

Ⅰ.①通… Ⅱ.①河… Ⅲ.①煤矿通风—安全培训—教材 ②煤矿—除尘—安全培训—教材 ③煤矿—矿山防火—安全培训—教材 ④煤矿—矿山灭火—安全培训—教材 Ⅳ.①TD7

中国版本图书馆 CIP 数据核字（2018）第 166136 号

通风防尘防灭火作业

（煤矿一般从业人员安全技术培训系列教材）

组织编写	河北省安全生产监督管理局
责任编辑	武鸿儒
责任校对	邢蕾严
封面设计	于春颖
出版发行	煤炭工业出版社（北京市朝阳区芍药居35号　100029）
电　　话	010-84657898（总编室）　010-84657880（读者服务部）
网　　址	www.cciph.com.cn
印　　刷	北京玥实印刷有限公司
经　　销	全国新华书店
开　　本	850mm×1168mm $^1/_{32}$　印张 $5^1/_8$　插页 4　字数 130 千字
版　　次	2018 年 7 月第 1 版　2019 年 6 月第 3 次印刷
社内编号	20180923　　　　　定价 23.00 元

版权所有　违者必究

本书如有缺页、倒页、脱页等质量问题，本社负责调换，电话:010-84657880

编审委员会

主　任	宋文玲
副主任	张广富　张建公　杨国占　杨忠东
委　员	赵兵文　张成文　赵鹏飞　张振恩
	常文杰　闫云胜　杜春艳　徐健国
	王永双　邢瑞军　杨丰宝
主　编	樊书昌　李洪恩　王慧敏　李海平
副主编	高志强　王立敏　解志存　高永宝
	温继满　尚文忠　翟君武

公共部分主编　　温继满　王立敏
公共部分副主编　邵长丽　郭玉环　常文江

本册专业部分主编　　赵建成　曹增会
本册专业部分副主编　杨庆华　赵景金

前　言

为认真贯彻执行《安全生产法》《煤矿安全培训规定》等法律法规中有关煤矿安全培训的规定，全面落实应急管理部、国家煤矿安全监察局关于加强和规范煤矿企业从业人员全员培训的要求，全面提升煤矿井下从业人员素质，彻底解决多年来煤矿安全培训不到位，不适应当前煤矿安全生产工作新形势、新任务、新要求，从业人员素质不高等问题，推动煤矿安全生产标准化体系建设，进一步夯实煤矿安全生产管理基础，促进全省煤矿安全生产形势持续稳定好转，河北省安全生产监督管理局根据《中共中央　国务院关于推进安全生产领域改革发展的意见》《国务院安委会关于进一步加强安全培训工作的决定》《河北省安全生产委员会关于进一步加强安全培训工作的实施意见》和《河北省煤矿井下从业人员素质提升工程实施方案》等文件精神，组织编写了这套煤矿一般从业人员安全技术培训系列教材。

该系列教材按照"涵盖井下作业所有一般工种，作业大类包含具体岗位"的基本原则进行工种遴选和细分，共划分21个作业类别90个岗位。教材按不同工种和岗位介绍了煤矿井下从业人员的安全素质基本要求、安全技术基础知识、安全操作基本技能，并选择部分典型事故案例进行了分析，使从业人员通过学习，掌握本岗位所必须具备的基本知识，提升岗位操作人员安全意识和操作技能，增强从业人员风险辨识管控、隐患排查治理和应急处置能力。

系列教材的编写以国家最新颁布的煤矿安全生产相关法律法规、标准为依据，紧密结合煤矿井下从业人员培训大纲和考核要求，突出了"教、学、考、用"相结合，增强了标准性、科学性和新颖性；体现了针对性、实用性和可操作性。教材语言简练，通俗易懂，力求使不同地区的煤矿井下从业人员都能"看得懂，记得住，用得上"。

本套系列教材特色鲜明，富有创新，讲解细致，实用性强，贴近煤矿井下从业人员需求，适合作为煤矿安全培训和从业人员素质提升的教材在全国推广使用。

教材编写过程也是实践过程，先后有上百名培训教师、工程技术人员、安管人员和工作经验丰富的一线工人参加了收集、研讨、论证、编写及实践工作。在此，对所有参与和支持本系列教材编写的人员表示感谢。另外，在本系列教材编写过程中参考了大量文献资料，在此对其作者表示诚挚的谢意！由于时间仓促、水平有限，书中难免存在错误和不足，敬请广大读者批评指正。

编审委员会

2018年6月

目 录

第一章 安全素质基本要求 ………………………………… 1

第一节 安全生产方针与法律法规 ……………………… 1
第二节 从业人员安全生产的权利与义务 ……………… 4
第三节 煤矿从业人员入井常识 ………………………… 6
第四节 劳动保护制度 …………………………………… 10
第五节 安全意识与"三违" …………………………… 12
第六节 矿井灾害防治与应急避险 ……………………… 16
第七节 职业危害及职业病防治 ………………………… 28
第八节 自救、互救与现场急救 ………………………… 38

第二章 安全技术基础知识 ………………………………… 57

第一节 专业技术基础知识 ……………………………… 57
第二节 岗位责任制 ……………………………………… 69
第三节 风险预控 ………………………………………… 73
第四节 隐患排查与治理 ………………………………… 79
第五节 煤矿安全生产标准化与《煤矿安全规程》的
相关规定 ………………………………………… 86

第三章 安全操作基本技能 ………………………………… 98

第一节 岗位双述 ………………………………………… 98
第二节 安全技术操作规程 ……………………………… 110

第四章 事故预防和典型事故案例分析 …… 142

第一节 煤矿生产安全事故及其预防 …… 142

第二节 典型事故案例 …… 146

参考文献 …… 155

第一章 安全素质基本要求

第一节 安全生产方针与法律法规

一、安全生产方针

"安全第一、预防为主、综合治理"是开展安全生产工作总的指导方针，是长期实践的经验总结。这一方针反映了我们党和国家对安全生产规律的认识，是指导企业安全生产工作总的指导思想和行动准则。所以，企业必须认真贯彻落实"安全第一、预防为主、综合治理"的安全生产方针。

1."安全第一"的含义

"安全第一"说明的是安全与生产、效益及其他活动的关系，强调在从事生产经营活动中要突出抓好安全，始终不忘把安全工作与其他经济活动同时安排、同时部署，当安全工作与其他活动发生冲突、产生矛盾时，其他活动要服从安全，绝不能以牺牲人的生命、健康，以财产损失为代价换取发展和效益。

2."预防为主"的含义

"预防为主"就是把安全生产工作的关口前移、重心下移、超前防范，建立预教、预测、预想、预报、预警、预防的递进式、立体式事故隐患预防体系，以隐患排查治理和建设本质安全为目标，实现事故的预先防范体制，改善安全状况，预防事故发生。

3. "综合治理"的含义

"综合治理"就是综合运用法律、经济、行政等手段,人管、法管、技防等多管齐下,并充分发挥社会、职工、舆论的监督作用,从责任、制度、培训等多方面着力,形成标本兼治、齐抓共管的格局。

4. "安全第一""预防为主""综合治理"之间的关系

"安全第一、预防为主、综合治理"是一个完整的体系,是相辅相成、辩证统一的整体。"安全第一"是原则,"预防为主"是手段,"综合治理"是方法。"安全第一"是预防为主、综合治理的灵魂,"预防为主"是实现安全生产的根本途径。只有把安全生产的重点放在建立事故预防体系上,超前采取措施,才能有效防止和减少事故。"综合治理"是安全生产保障,只有采取综合治理,才能实现人、机、物、环的统一,实现本质安全,真正把"安全第一、预防为主"落到实处。

二、煤矿安全生产相关法律法规

我国以《安全生产法》作为安全生产的基本法律,建立了包括相关法律、行政法规、部门规章等的安全生产法律法规体系,促进了安全生产管理工作的规范化、制度化和科学化。与煤矿安全生产相关的法律法规见表1-1。

表1-1 煤矿安全生产相关的法律法规

序号	名称	制定机关	主 要 法 规	备注
1	法律	全国人民代表大会及其常务委员会	《刑法》《安全生产法》《矿山安全法》《矿产资源法》《煤炭法》《职业病防治法》《劳动法》《劳动合同法》等	

表1-1(续)

序号	名称		制定机关	主要法规	备注
2	法规	行政法规	国务院	《工伤保险条例》《国务院关于特大安全事故行政责任追究的规定》《国务院关于预防煤矿生产安全事故的特别规定》《生产安全事故报告和调查处理条例》等	
		地方性法规	地方人民代表大会及其常务委员会	《河北省安全生产条例》《河北省矿产资源管理条例》等	
3	规章	行政规章	国务院所属部委	《煤矿安全规程》《矿山救护规程》《生产经营单位安全培训规定》《煤矿安全培训规定》《特种作业人员安全技术培训考核管理办法》《安全生产违法行为行政处罚办法》等	
		地方性规章	地方政府所属部门	《河北省煤矿防治水管理办法》《河北省煤炭经营监督管理实施细则》等	
4	标准	国家标准(GB)	国务院标准化行政主管部门	《安全标志及使用导则》(GB 2894—2008)、《矿山安全标志》(GB 14161—2008)等	
		行业标准(AQ、MT等)	国务院有关行政主管部门	《矿井瓦斯等级鉴定规范》(AQ1025—2006)、《煤矿井工开采通风技术条件》(AQ1028—2006)、《煤矿井下安全标志》(AQ1017—2005)等	

表 1-1（续）

序号	名称	制定机关	主要法规	备注
5	规范性文件		《关于加强煤矿班组安全生产建设的指导意见》等	

第二节 从业人员安全生产的权利与义务

《安全生产法》等法律法规，赋予了广大生产经营单位从业人员安全生产的权利；从业人员在享有安全生产权利的同时，也必须依法履行安全生产的义务。

一、从业人员安全生产的权利

1. 劳动保护和提请劳动争议处理权

生产经营单位与从业人员订立的劳动合同，应当载明有关保障从业人员劳动安全、防止职业危害的事项，以及依法为从业人员办理工伤保险的事项。

生产经营单位不得以任何形式与从业人员订立协议，免除或者减轻其对从业人员因生产安全事故伤亡依法应承担的责任。

当职工的劳动保护权益受到伤害，或者与用人单位因劳动保护问题发生纠纷时，有向有关部门提请劳动争议处理的权利。

2. 安全生产知情权

生产经营单位的从业人员有权了解其作业场所和工作岗位存在的危险因素、防范措施及事故应急措施，有权对本单位的安全生产工作提出建议。

3. 安全生产监督权

从业人员有权对企业贯彻、落实党和国家安全生产方针的情况，有关安全生产法规及管理制度的执行情况，管理人员指挥行为、作业环境的安全情况，安全技术措施专项费用使用情况进行监督。

4. 职业健康防治权

从事接触职业危害因素或可能导致职业病作业的职工,有权获得职业健康检查并了解检查结果。被诊断为患有职业病的职工有依法享受职业病待遇,接受治疗、康复和定期检查的权利。

从业人员离开企业时,有权索取本人职业健康监护档案复印件,企业必须如实、无偿提供,并在所提供的复印件上签字盖章。

5. 拒绝违章指挥权

从业人员有权拒绝违章指挥和强令冒险作业。生产经营单位不得因从业人员拒绝违章指挥、强令冒险作业而降低其工资、福利等待遇或者解除与其订立的劳动合同。

6. 停止作业避险权

从业人员发现直接危及人身安全的紧急情况时,有权停止作业或者在采取相应的应急措施后撤离作业场所。

生产经营单位不得因从业人员在前款紧急情况下停止作业或者采取紧急撤离措施而降低其工资、福利等待遇或者解除与其订立的劳动合同。

7. 工伤保险和民事索赔权

用人单位应当依法为从业人员办理工伤保险,缴纳工伤保险费。因生产安全事故受到损害的从业人员,除依法享有工伤保险外,依照有关民事法律尚有获得赔偿权利的,有权向本单位提出赔偿要求。

8. 批评、检举和控告权

从业人员有权对本单位安全生产工作中存在的问题提出批评、检举、控告。生产经营单位不得因从业人员对本单位安全生产工作提出批评、检举、控告而降低其工资、福利等待遇或者解除与其订立的劳动合同。

二、从业人员安全生产的义务

1. 遵守安全生产规章制度和操作规程的义务

从业人员在作业过程中,应当严格遵守本单位的安全生产规章制度和操作规程,服从管理。

2. 正确佩戴和使用劳动防护用品的义务

用人单位必须为从业人员提供符合国家或行业标准的劳动防护用品,从业人员在作业过程中有义务正确佩戴和使用劳动防护用品。

3. 发现事故隐患及时报告并参加抢险救灾的义务

从业人员发现事故隐患或者其他不安全因素,应当立即向现场安全生产管理人员或者本单位负责人报告;接到报告的人员应当及时予以处理。

4. 接受安全生产培训教育的义务

从业人员应当接受安全生产教育和培训,掌握本职工作所需的安全生产知识,提高安全生产技能,增强事故预防和应急处理能力。

第三节 煤矿从业人员入井常识

一、煤矿从业人员入井须知

1. 入井人员的基本条件

根据有关法律法规的规定,煤矿井下从业人员必须符合下列基本条件:

(1) 身体健康,无职业禁忌证。

凡是有下列病症的不得从事煤矿井下作业:①活动性肺结核和肺外结核病;②严重的上呼吸道或支气管疾病;③显著影响肺功能的肺脏或胸膜病变;④心血管器质性疾病;⑤经医疗鉴定,

不适于从事粉尘作业的其他疾病;⑤风湿病;⑦严重的皮肤病;⑧癫痫病;⑨精神分裂症;⑩经医疗鉴定,不适于从事井下工作的其他疾病。

(2) 年满 18 周岁且不超过国家法定退休年龄。

(3) 具有初中及以上文化程度。

2. 煤矿入井人员行为规范

作为煤矿从业人员,无论从事什么工作,只要入井就必须遵守入井的基本行为规范,以保证自己和他人的安全。

(1) 入井(场)前严禁饮酒,入井(场)人员必须佩戴安全帽等个体防护用品,穿带有反光标识的工作服。

(2) 入井人员必须随身携带自救器、标识卡和矿灯,严禁携带烟草和点火物品,严禁穿化纤衣服。

(3) 煤矿作业人员必须熟悉应急救援预案和避灾路线,具备自救互救和安全避险知识。井下作业人员必须熟练掌握自救器和紧急避险设施的使用方法。

(4) 对作业场所和工作岗位存在的危险有害因素及防范措施、事故应急措施、职业病危害及其后果、职业病危害防护措施等,煤矿企业应当履行告知义务,从业人员有权了解并提出建议。

(5) 所有入井人员必须遵守《煤矿安全规程》、作业规程、操作规程的相关规定,经过安全培训并考核合格,持有相应资格证后方可入井。

(6) 入井人员下井前,要休息好,做到心情愉快,保持精力旺盛。

(7) 乘坐罐笼上下井时,要遵守乘坐罐笼的有关规定,服从指挥,按次序排队上下罐笼,不得拥挤、打闹和摘掉安全帽。

(8) 乘车时只准乘坐专门的人车,必须遵守乘车规定,严禁在车辆行走中登车、扒车、跳车等。

(9) 在大巷行走时,要精神集中,注意来往车辆,过交叉道口要做到"一停、二看、三通过"。

二、煤矿井下避险

1. 安全出口

《煤矿安全规程》规定：每个生产矿井必须至少有 2 个能行人的通达地面的安全出口，各出口间距不得小于 30 m。

井下每一个水平到上一个水平和各个采（盘）区都必须至少有 2 个便于行人的安全出口，并与通达地面的安全出口相连。未建成 2 个安全出口的水平或者采（盘）区严禁回采。

井巷交叉点，必须设置路标，标明所在地点，指明通往安全出口的方向。

通达地面的安全出口和 2 个水平之间的安全出口，倾角不大于 45°时，必须设置人行道，并根据倾角大小和实际需要设置扶手、台阶或者梯道。倾角大于 45°时，必须设置梯道间或者梯子间，斜井梯道间必须分段错开设置，每段斜长不得大于 10 m；立井梯子间中的梯子角度不得大于 80°，相邻 2 个平台的垂直距离不得大于 8 m。

2. 井下安全避险系统

煤矿井下安全避险六大系统包括：矿井监测监控系统、井下人员定位系统、井下紧急避险系统、矿井压风自救系统、矿井供水施救系统和矿井通信联络系统。

矿井监测监控系统实现对煤矿井下瓦斯、一氧化碳浓度、温度、风速的动态监控，完善了紧急情况下及时断电撤人制度；人员定位系统可准确掌握各个区域作业人员的情况；避难硐室等紧急避险系统实现井下灾害突发时的安全避险；压风自救系统确保灾变时现场作业人员有充足的氧气供应；供水施救系统在灾变后为井下作业人员提供清洁水源或必要的营养液；通信联络系统实现井上井下和各个作业地点通信通畅。

所有井工煤矿必须按规定建设完善煤矿安全避险六大系统，入井人员必须熟悉煤矿安全避险六大系统设置情况及其使用方法。

3. 煤矿井下避灾路线

根据煤矿不同的灾变和灾害发生地点而制定的能使井下人员用尽量短的时间、从最近的距离撤到安全地点的路线，称为避灾路线。

最佳的避灾路线必须满足三个条件：一是适合不同类型的灾害事故；二是安全条件好；三是撤离时间最短。

井下所有工作地点必须设置灾害事故避灾路线。避灾路线指示应当设置在不易受到碰撞的显著位置，在矿灯照明下清晰可见，并标注所在位置。巷道交叉口必须设置避灾路线标识。

巷道内设置标识的间隔距离：采区巷道不大于 200 m，矿井主要巷道不大于 300 m。

从事煤矿井下作业人员必须熟知避灾路线，以便发生灾害事故时能够安全撤离。

三、安全标志

安全标志是指井下悬挂或张贴的图文标志，目的在于警示入井人员注意不安全因素，预防事故的发生。2006 年 3 月 1 日施行的《煤矿井下安全标志》（AQ 1017—2005）中规定：煤矿井下安全标志分为主标志和文字补充标志两类。

主标志由安全色、几何图形和图形符号构成，用以表达特定的安全信息。文字补充标志是主标志文字说明或方向指示，它只能与主标志同时使用。

安全色是表达安全信息含义的颜色。安全色分为红、黄、蓝、绿四种颜色，分别表示禁止或停止、警告或注意、指令、提示或通行等。

对比色是使安全色更加醒目的反衬色。红、蓝、绿对比色为白色，黄色的对比色为黑色。

安全标志按其使用功能可分为四类，即禁止标志，警告标志，指令标志，路标、名牌、提示标志。

（1）禁止标志是禁止或制止人们某种行为的标志。禁止标志白底、红圈、红斜杠、黑图形符号。煤矿井下常用的禁止标志及设置地点见附表1(见文后彩页)。

（2）警告标志是警告人们可能发生危险的标志。警告标志的基本图形为等边三角形，顶角朝上。警告标志为黄底、黑边、黑图形。煤矿井下常用的警告标志及设置地点见附表2(见文后彩页)。

（3）指令标志是指示人们必须遵守某种规定的标志。指令标志的基本形状为圆形，指令标志为蓝底、白图形。煤矿常用的指令标志及设置地点见附表3(见文后彩页)。

（4）路标、名牌、提示标志是告诉人们目标、方向、地点的标志。其基本形状为长方形，其为绿底（红底或黄底）、白图案（黑图案）、白字或黑字。煤矿井下常用的路标、名牌、提示标志及设置地点见附表4(见文后彩页)。

第四节 劳动保护制度

劳动保护是国家和单位为保护劳动者在劳动生产过程中的安全和健康所采取的立法、组织和技术措施的总称。劳动保护是根据国家法律、法规，依靠技术进步和科学管理，采取组织措施和技术措施，消除危及人身安全健康的不良条件和行为，防止事故和职业病发生，保护劳动者在劳动过程中的安全与健康。根据《劳动法》的规定，劳动保护制度主要包括以下内容。

一、劳动安全卫生制度

劳动安全卫生保护的内容十分广泛，且不同行业有着不同的重点和差别，《劳动法》在第六章规定了劳动安全卫生制度的基本内容。

（1）用人单位必须建立、健全劳动安全卫生制度，严格执行国家劳动安全卫生规程和标准,对劳动者进行劳动安全卫生教育,防止劳动过程中事故发生,减少职业危害。

(2) 劳动安全卫生设施必须符合国家规定的标准。

实行新建、改建、扩建工程的劳动安全卫生设施与主体工程同时设计、同时施工、同时投入生产和使用的"三同时"制度。

(3) 用人单位必须为劳动者提供符合国家规定的劳动安全卫生条件和必要的劳动防护用品,对从事有职业危害作业的劳动者应当定期进行健康检查。

(4) 从事特种作业的劳动者必须经过专门培训并取得特种作业资格。

(5) 劳动者在劳动过程中必须严格遵守安全操作规程。

(6) 劳动者对用人单位管理人员违章指挥、强令冒险作业,有权拒绝执行;对危害生命安全和身体健康的行为,有权提出批评、检举和控告。

(7) 国家建立伤亡事故和职业病统计报告和处理制度。县级以上各级人民政府劳动行政部门、有关部门和用人单位应当依法对劳动者在劳动过程中发生的伤亡事故和劳动者的职业病状况,进行统计、报告和处理。

二、工作时间和休息休假制度

(1) 国家实行劳动者每日工作时间不超过 8 h、平均每周工作时间不超过 44 h 的工时制度。

(2) 对实行计件工作的劳动者,用人单位应当根据上一条规定的工时制度合理确定其劳动定额和计件报酬标准。

(3) 用人单位应当保证劳动者每周至少休息 1 日。

(4) 企业因生产特点不能实行上述规定的,经劳动行政部门批准,可以实行其他工作和休息办法。

(5) 用人单位在下列节日期间应当依法安排劳动者休假:

元旦、春节、国际劳动节、国庆节,以及法律、法规规定的其他休假节日等。

(6) 用人单位由于生产经营需要，经与工会和劳动者协商后可以延长工作时间，一般每日不得超过 1 h；因特殊原因需要延长工作时间的，在保障劳动者身体健康的条件下延长工作时间每日不得超过 3 h，且每月不得超过 36 h。

(7) 有下列情形之一的，延长工作时间不受上一条的限制：

①发生自然灾害、事故或者因其他原因，威胁劳动者生命健康和财产安全，需要紧急处理的。

②生产设备、交通运输线路、公共设施发生故障，影响生产和公众利益，必须及时抢修的。

③法律、行政法规规定的其他情形。

(8) 用人单位不得违反《劳动法》规定延长劳动者的工作时间。

(9) 有下列情形之一的，用人单位应当按照下列标准支付高于劳动者正常工作时间工资的工资报酬：

①安排劳动者延长工作时间的，支付不低于工资的 150% 的工资报酬。

②休息日安排劳动者工作又不能安排补休的，支付不低于工资的 200% 的工资报酬。

③法定休假日安排劳动者工作的，支付不低于工资的 300% 的工资报酬。

(10) 国家实行带薪年休假制度。

劳动者连续工作 1 年以上的，享受带薪年休假。具体办法由国务院规定。

第五节 安全意识与"三违"

安全意识就是人们头脑中建立起来的生产必须安全的观念，也就是人们在生产活动中各种各样有可能对自己或他人造成伤害的外在环境条件下的一种戒备和警觉的心理状态。只有具备良好的安全意识才能杜绝"三违",也才能保证企业的安全生产。

一、"三违"的含义

"三违"是指违章指挥、违章操作、违反劳动纪律。"三违"是安全生产工作的大忌,也是几十年来努力根除的目标。

(1) 违章指挥:是指违反国家的安全生产方针、政策、法律、条例、规程、标准、制度及生产经营单位的规章制度和技术方案的指挥行为。

(2) 违章操作:是指在劳动过程中违反国家法律法规和生产经营单位制定的各项规章制度,包括工艺技术、生产操作、劳动保护、安全管理等方面的规程、规则、章程、条例、办法和制度,以及有关安全生产的通知、决定等。

(3) 违反劳动纪律:是指在劳动生产过程中,违反为维护生产秩序而制定的要求每个员工遵守的规章制度的行为。劳动纪律是多方面的,它包括组织纪律、工作纪律、技术纪律及规章制度等。

二、"三违"的危害

"三违"是一种长期沿袭下来的违章行为,它实质上是一种违反安全生产客观规律的盲目行为,或缺乏认识,或随心所欲,但都习以为常,习惯成自然。违章的人在主观上并不认为自己的行为是违章,相反却认为自己有实践经验,自己是正确的。因此,对安全生产危害极大。安全事故与"三违"有着直接联系。据多年来的统计,90%以上的煤矿生产安全事故均是由"三违"造成的。职工队伍中的有些人,由于综合素质不高、安全意识不强、法制观念淡薄,"三违"现象时有出现,屡禁不绝,严重地威胁了矿井的正常生产和矿工的生命安全,甚至造成了矿井的惨重灾难，其影响极坏、危害极大。因此，对"三违"的现象和行为，绝不能宽恕、忽视和放任。只有杜绝"三违"，才能确保矿井的安全生产。

三、"三违"常见的表现形式

1. 常见的违章指挥行为

不按照安全生产责任制有关本职工作规定履行职责；不按规定对员工进行安全教育培训，强令员工冒险违章作业；不按照规定审查、批准技术方案和安全措施；不认真执行企业发布的管理程序；新建、改建、扩建项目，不执行"三同时"的规定，不履行审批手续；对已发现的事故隐患，不及时采取措施，放任自流等。

2. 常见的违章操作行为

不按规定正确佩戴和使用劳动防护用品；发现设备或安全防护装置缺损，不向领导反映，继续操作；不执行规定的安全防范措施，对违章指挥盲目服从，不加抵制；不按操作规程、工艺要求操作设备；忽视安全，忽视警告，冒险进入危险区域。

3. 常见违反劳动纪律的表现

迟到、早退、中途溜号；工作时间干私活、办私事；上班注意力不集中、消极怠工；工作中不服从分配，不听从指挥；无理取闹、纠缠领导、影响正常工作；私自动用他人工具、设备；不遵守各项规章制度，违反工艺流程和操作规程等。

四、"三违"现象产生的主观原因

（1）自负心理：自认为自己控制力强，对作业环境和条件变化能够掌握，偶尔违章不会出事。

（2）麻痹心理：安全生产形势较为稳定的情况下，不自觉地松懈下来，把规程措施抛至脑后。

（3）习惯心理：由于工作内容和形式单一，凭经验靠惯性作业，不去想是否违规，是否符合措施要求。

（4）马虎心理：粗枝大叶，作业时注意力不集中，应付了事，结果发生意想不到的事故。

（5）蛮干心理：不顾作业场所有没有安全隐患，发现了隐患也不处理，野蛮操作，最终导致事故发生。

（6）厌倦心理：工作热情不高，安全意识不强，工作完全处于应付状态。

（7）唯心心理：文化程度较低的职工，抱着"是福不是祸，是祸躲不过"的错误想法。

五、提升安全意识，杜绝"三违"

1. 加强学习，端正态度，提高认识

要自觉学习安全法律法规和相关安全标准、规范，掌握本职工作所需的安全操作规程，通过学习，增强法律意识，提高操作技能。端正工作态度，不断提高对安全生产重要性的认识。

2. 积极参加安全培训，提升自我防护能力

作为煤矿从业人员，必须积极参加本单位组织的安全知识和专业技能的培训及各项安全活动，提高安全意识、操作水平，不断提升自我防护能力。

3. 自觉养成安全行为习惯，杜绝违章行为

自觉遵守本单位的各项安全生产规章制度；上岗前和工作时间绝不饮酒；主动了解本岗位的危险危害因素；绝不擅自拆除或移动安全装置和安全标志；绝不擅自触摸与自己无关的设备、设施；正确佩戴和使用劳动防护用品。做到"不伤害自己，不伤害他人，不被他人伤害，保护他人不被伤害"。

4. 虚心接受他人的监督

服从管理人员管理与指挥，虚心接受他人的监督与意见，积极改正工作中的错误，不断提高自身素质。

5. 勇于监督他人的违章行为

在接受他人监督的同时，勇于监督他人违章行为，自己不违章，也绝不允许他人违章。

第六节　矿井灾害防治与应急避险

一、顶板灾害防治与应急避险

顶板事故是指在井下建设、生产过程中，顶板意外冒落、垮塌，造成人员伤亡、设备损坏、生产中止等的事故，是煤矿生产的主要灾害之一。

（一）顶板冒落的预防

（1）采取有效的支护措施。

（2）及时处理局部漏顶，以免引起大范围冒顶。

（3）坚持敲帮问顶制度。在进入采掘工作面装煤、支护前，要敲帮问顶，处理已离层的顶板，如果处理不下来，要用点柱先支撑。

（4）严格按照规程作业。严禁空顶作业，所有支架必须架设牢固，并有防倒柱措施，严禁在浮煤或浮矸上架设支架。

（二）顶板冒落的预兆

（1）响声。岩层下沉断裂、顶板压力急剧加大时，支架会发生很大声响；有时也能听到采空区内顶板发出断裂的闷雷声。

（2）掉碴。顶板岩石已有裂缝和碎块，其中小矸石稍受震动就掉落。

（3）片帮。冒顶前煤壁所受压力增加，变得松软，片帮煤比平时多。

（4）漏顶。破碎的伪顶或直接顶，在大面积冒顶以前，有时因为背顶不严或支架不牢而出现漏顶。

（5）裂缝。顶板的裂缝张开，裂缝增多。

(6) 脱层（离层）。检查顶板是否脱层要用"敲帮问顶"的方法，如果声音清脆，表明顶板完好；如果顶板发出"空空"的响声，说明上下岩层已经脱离。

(7) 瓦斯涌出量突然增大。

(8) 顶板淋水增大。

（三）发生冒顶事故时的应急避险

(1) 迅速撤离。当发现工作地点有即将发生冒顶的征兆而当时又难以采取措施防止顶板冒落时，要迅速离开危险区，撤退到安全地点。

(2) 及时躲避。当冒顶发生又来不及撤至安全地点时，应靠煤帮贴身站立避灾，但要注意煤壁片帮伤人；如靠近木垛，也可撤至木垛处避灾。

(3) 立即求救。冒落基本稳定后，遇险人员应立即采用呼叫、敲、打（不要敲打对自己有威胁的支架、物料和岩块）等方法，发出有规律、不间断的求救信号，以便撤离的人员了解灾情，组织力量进行抢救。

(4) 自救和互救。事故发生后，遇险人员要听从灾区班组长和有经验的老工人的指挥，在保证安全的前提下，积极开展自救和互救。正视已发生的灾害，注意保持自己的体力，未受伤和受轻伤人员，要采取切实可行的措施设法营救被掩埋人员，并尽可能脱离险区或转移到较安全地点等待救援。

(5) 配合营救。发生冒顶埋人事故时，被埋压的人员不要惊慌失措，切忌猛烈挣扎；被隔堵的人员应在遇险地点维护好自身安全，构筑脱险通道，配合外部的营救工作。

二、矿井水灾防治与应急避险

矿区内大气降水、地表水、地下水通过各种通道涌入井下，成为矿井涌水。当矿井涌水量超过矿井正常排水能力时即会发生水患，称为矿井水灾，通常也称为透水。

形成水害的前提是必须有水源和通道。矿井水的来源主要为地表水、地下水、老空水、断层水。

(一) 矿井水灾预防

防治水工作要坚持以防为主，防治结合以及当前和长远、局部与整体、地面与井下、防治与利用相结合的原则；坚持"预测预报、有疑必探、先探后掘、先治后采"十六字方针；落实"防、堵、疏、排、截"五项措施，根据不同的水文地质条件，采用不同的防治方法，因地制宜，统一规划，综合治理。

(1) 严格按照规定留设防隔水煤（岩）柱。

(2) 在必要的地点设置截水建筑物，如防水闸门和防水闸墙。

(3) 建立完善的井下排水系统。

(4) 严格按照有关规定进行矿井探放水。

(二) 发生透水事故的预兆

(1) 挂红。在煤（岩）裂隙表面附着有暗红色的水锈。

(2) 挂汗。煤（岩）壁上凝结有水珠，说明此时巷道接近积水区。但有时空气中的水分遇到低温煤（岩）壁也会挂汗，这是一种假象。所以，遇到挂汗时，要辨别真伪，其辨别方法是剥去一薄层，观察新暴露面是否也有潮气，若有则是透水预兆。

(3) 煤壁变冷。工作面接近大量积水时，气温骤降，煤壁发凉，人一靠近就有阴冷的感觉，时间越长越感到阴凉。

(4) 出现雾气。当巷道温度很高时，积水渗到煤壁后引起蒸发而形成雾气。

(5) 水叫。采煤工作面若在煤壁、岩层内听到"吱吱"声，这时必须立即发出警报，撤出所有受水威胁的人员。

(6) 顶板淋水加大。这表明已接近积水区。

(7) 顶板来压，底板鼓起。

(8) 水色发浑，有臭味。这是接近老空区积水的征兆。

(9) 工作面有害气体增加。积水区向外散发出瓦斯、二氧化碳和硫化氢等有害气体。

(10) 裂缝出现渗水。如果出水清净,则离积水区较远;若出水混浊,则离积水区已近。

(三) 矿井发生突水事故时的应急避险

矿井发生突水事故时,要根据灾情迅速采取以下有效措施进行紧急避险:

(1) 在突水迅猛、水流急速的情况下,现场人员应立即避开出水口和泄水流,躲避到硐室内、拐弯巷道或其他安全地点。如情况紧急来不及转移躲避时,可抓牢棚梁、棚腿或其他固定物体,防止被涌水打倒和冲走。

(2) 当老空水涌出,使所在地点有毒有害气体浓度增高时,现场职工应立即佩戴好隔离式自救器。在未确定所在地点空气成分能否保证人员生命安全时,禁止任何人随意摘掉自救器的口具和鼻夹,以避免中毒窒息事故发生。

(3) 井下发生突水事故后,绝不允许任何人以任何借口在不佩戴防护器具的情况下冒险进入灾区。否则,不仅达不到抢险救灾的目的,反而会造成自身伤亡、扩大事故。

(4) 水害事故发生后,现场及附近地点工作的人员在脱离危险后,应在可能情况下迅速观察和判断突水的地点、涌水的程度、现场被困人员的情况等,并立即报告矿井调度。同时,应利用电话或其他联络方式及时向下部水平和其他可能受威胁区域的人员发出警报。

(四) 发生突水事故后撤离现场时应注意的事项

如因涌水来势凶猛、现场无法抢救或者将危及人员安全时,井下职工应沿着规定的避灾路线和安全通道迅速撤退到上部水平或地面。在行动中应注意下列事项:

(1) 撤离前,应当设法将撤退的行动路线和目的地告知矿井负责人。

(2) 透水后,应在可能的情况下,迅速观察和判断透水的地点、水源、涌水量、发生的原因、危害程度等情况，根据预防水灾的避灾路线迅速撤至透水地点以上的水平，而不能进入突水点附近及下方独头巷道。

（3）行进中应靠近巷道一侧，抓牢支架或其他固定物体，尽量避开压力水头和泄水主流，并注意防止被水中滚动的矸石和木料撞伤。

（4）如透水破坏了巷道中的照明装置和路标，迷失行进方向时，遇险人员应朝着有风流通过的上山巷道方向撤退。

（5）在撤退沿途和所经过的巷道交叉口，应留设指示行进方向的明显标志，以提示救护人员注意。

（6）人员撤退到立井，人员需从梯子间上去时，应遵守秩序，不要慌乱和争抢。行动中手要抓牢，脚要蹬稳，切实注意自己和他人安全。

（7）撤退中，如唯一出口被堵塞无法撤退时，应有组织地在独头工作面躲避，等待救护人员营救，严禁盲目潜水等冒险行为。

（8）被困期间断绝食物后，即使在饥饿难忍的情况下，也应努力克制自己，绝不嚼食杂物充饥。需要饮用井下水时，选择适宜的水源，并用纱布或衣服过滤。

（9）长时间被困井下，发现救护人员到来营救时，不可过度兴奋和慌乱。

三、矿井火灾防治与应急避险

凡发生在井下的火灾及发生在井口附近但危害到井下安全的火灾，都叫作矿井火灾。发生矿井火灾的原因有两种：一是外部火源引起的火灾，二是煤炭本身的物理化学性质等内在因素引起的火灾。因此，矿井火灾分为两类：外因火灾和内因火灾。

外因火灾，又称外源火灾。违章在井下吸烟，在井下拆卸矿灯、裸露爆破、电焊、气焊等，都可能引起井下火灾。内因火灾，又称煤炭自燃。

(一) 煤炭自燃的初期预兆

煤矿内的火灾事故隐患主要表现为煤炭自然发火。煤炭自燃的初期预兆有如下几种：

(1) 巷道内湿度增加，出现雾气、水珠。煤炭氧化初期生成水分，往往使巷道内湿度增加，出现雾气或在巷道壁上挂有水珠；浅部开采时，冬季在地面钻孔或塌陷处会发现冒出水蒸气或冰雪融化现象。

(2) 煤炭自燃发出焦油味。煤炭从"发烧"（自热）到自燃过程中，氧化时会产生多种碳氢化合物，并发出煤油味、汽油味、松节油味或焦油味等。当嗅到这些气味时，说明煤已自燃到了一定程度。

(3) 巷道内发热，温度升高。煤炭氧化自燃过程中要释放出大量热量。因此，从自然发火的地方出来的水和空气的温度比平时要高，人的皮肤可以直接感觉到。

(4) 人有疲劳感。煤炭氧化自燃过程中，会放出有害气体，如二氧化碳、一氧化碳、二氧化硫等。这些有害气体会使人头痛、闷热、精神不振、不舒服，有疲劳感。尤其是多数人有同感时，应提高警惕，查明原因，以防矿井火灾的发生。

(二) 井下火灾的灭火方法

煤矿灭火方法有直接灭火、隔绝灭火和封闭火区的方法。

1. 直接灭火

(1) 采用灭火剂或挖出火源等方法把火直接扑灭，称为直接灭火法。常用的灭火剂有水、泡沫、干粉、二氧化碳、四氯化碳、卤代烷、惰气、砂子和岩粉等。

①水。水是不燃液体，是消防上常用的灭火剂之一。使用方法有水射流和水幕两种形式。

②泡沫。泡沫是一种体积小，表面被液体围成的气泡群。泡沫的比重小，且流动性好，可实现远距离立体灭火，具有持久性

和抗燃烧性，导热性能低，黏着力大。

③干粉。干粉灭火剂是目前公认的灭火效力较高的一种新型化学灭火剂，应用范围比较广泛。

④卤代烃灭火剂。常用的卤代烃灭火剂是用氟、氯、溴取代甲烷和乙烷中的氢而成，因此也叫卤代烷灭火剂。

⑤砂子和岩粉。砂子和岩粉在煤矿广泛应用于扑灭电气火灾。

（2）消除可燃物。

直接灭火除了向火源喷射灭火剂以外，在有些条件下还可以清除可燃物，消除燃烧的物质基础。煤矿常用的是挖除火源。

（3）用凝胶处理高温点和自燃火源。

凝胶是近年来应用于煤矿井下防灭火较为广泛的材料，由基料［硅酸盐（水玻璃）］+促凝剂（碳酸氢氨等盐类）+水（90%左右）组成。

（4）灌浆灭火。

灌浆灭火是煤矿井下常用的一种灭火方法。灌浆灭火的方法因火源位置而异。常用的方法有：井下巷道（钻窝）打钻灌浆、在火区密闭墙上插管灌浆和地面钻孔注浆3种。

2. 隔绝灭火

当对火源不能直接将火扑灭时，为了迅速控制火势，使其熄灭，可在通往火源的所有巷道内砌筑密闭墙，使火源与空气隔绝。

3. 封闭火区的方法

封闭火区的方法分为3种。

（1）锁风封闭火区。

从火区的进回风侧同时密闭，封闭火区时不保持通风。这种方法适用于氧浓度低于瓦斯爆炸界限（<12%）的火区。

（2）通风封闭火区。

在保持火区通风的条件下，同时构筑进回风两侧的密闭。

(3) 注惰封闭火区。

（三）用水直接灭火时注意事项

用水灭火，适用于火势不大，范围较小的火灾。但应注意以下问题。

(1) 应有足够的水源和水量。少量的水在高温下可以分解成具有爆炸性的氢气和助燃的氧气。

(2) 灭火人员一定要站在火源的上风侧，并应保持正常通风，回风道要畅通，以便将火烟和水蒸气引入回风道中排出。

(3) 应从火焰四周开始灭火，逐步移向火源中心，千万不要直接把水喷在火源中心，防止大量蒸汽和炽热煤块抛出伤人，也避免高温火源使水分分解成氢气和氧气。

(4) 随时检查火区附近的沼气浓度。《煤矿安全规程》规定，在抢救人员和灭火工作时，必须指定专人检查瓦斯、一氧化碳、煤尘、其他有害气体和风流的变化，还必须采取防止瓦斯爆炸和人员中毒的安全措施。

(5) 电气设备着火以后，应首先切断电源。在电源未切断时，只能使用不导电的灭火器材，如用砂子、岩粉和四氯化碳灭火器进行灭火。否则，未断电源直接用水灭火，水能导电，火势将更大，并危及救火队员的安全。

(6) 水不能用来扑灭油料火灾。油比水轻，而且不易与水混合，可以随水流动而扩大火灾面积。

（四）灭火器的使用方法及注意事项

1. 灭火器的使用方法

正确使用灭火器的四字口诀："拔、握、瞄、扫"。"拔"，即拔掉插销；"握"，即迅速握住瓶把及橡胶软管；"瞄"，即瞄准火焰根部；"扫"，即扫灭火焰部位。用手握住灭火器的提把，平稳、快捷地提往火场。在距离燃烧物 5 m 左右地方，拔出保险销。一手握住开启压把，另一手握住喷射喇叭筒，喷嘴对准火源。喷射时，应采取由近而远、由外而里的方法。

泡沫灭火器适宜扑灭油类及一般物质的初期火灾；二氧化碳灭火器适宜扑灭精密仪器、电子设备以及 600 V 以下的电器初期火灾；干粉灭火器适宜扑灭油类、可燃气体、电气设备等初期火灾。

2. 注意事项

(1) 灭火时，人应站在上风处。

(2) 不要将灭火器的盖与底对着人体，防止盖、底弹出伤人。

(3) 不要与水同时喷射在一起，以免影响灭火效果。

(4) 扑灭电器火灾时，应先切断电源，防止人员触电。

(5) 持喷筒的手应握在胶质喷管处，防止冻伤。

(五) 火灾事故的应急避险

(1) 井下若发现烟气或明火等火灾灾情，应立即通知在附近工作的人员。

(2) 如果火灾不大，应立即组织力量扑灭。

(3) 如果火灾范围大或是火势凶猛，则应在撤出灾区人员、保证自身安全的前提下，采取稳定风流、控制火势发展、防止人员中毒和预防瓦斯或煤尘爆炸的措施，并随时保持与地面指挥部的联系，根据指挥部的命令行事。

(4) 见到火或突然接到火警通知，需要立即撤退人员，要在判明灾情和自己实际处境以及应采取的应急措施的前提下再采取行动。

(六) 发生火灾事故后安全撤离时的注意事项

发生火灾事故时，如果不能直接扑灭或控制灾情，应迅速撤离火灾现场，撤离时要注意以下事项。

(1) 要尽最大可能迅速了解或判明事故的性质、地点、范围和事故区域的巷道情况、通风系统、风流、火灾烟气蔓延的速度和方向，以及与自己所处巷道位置之间的关系，并根据矿井灾害预防与事故处理计划和现场实际情况确定撤退路线和避灾自救方法。

(2) 撤退时,任何人无论在任何情况下都不要惊慌、不能狂奔乱跑,应在现场负责人和有经验的老工人带领下有组织地撤退。位于火源进风侧的人员,应迎着新鲜风流撤退。位于火源回风侧的人员或是在撤退途中遇到烟气有中毒危险时,应迅速佩戴好自救器,尽快通过捷径绕到新鲜风流中去,或是在烟气没有到达之前顺着风流尽快从回风出口撤到安全地点;如果距火源较近而且越过火源没有危险时,也可迅速穿过火区撤到火源的进风侧。

(3) 如果在自救器有效作用时间内不能安全撤出时,应在设有存储备用自救器的硐室换用自救器后再行撤退,或是寻找有压风管路系统的地点以压缩空气供呼吸之用。

(4) 撤退行动既要迅速果断又要快而不乱。撤退中应靠巷道有连通出口的一侧行进,避免错过脱离危险区的机会,同时还要随时注意观察巷道和风流的变化情况,谨防火风压可能造成的风流逆转。

(5) 如果无论是逆风还是顺风撤退都无法躲避着火巷道或火灾烟气造成的危害,则应迅速进入避难硐室。没有避难硐室时,应在烟气袭来之前选择合适的地点,就地利用现场条件快速构筑临时避难硐室,进行避灾自救。

四、矿井瓦斯事故的防治与应急避险

在煤矿事故中与瓦斯有关的事故有5种,即瓦斯爆炸事故、瓦斯燃烧事故、瓦斯窒息事故、瓦斯喷出事故和煤与瓦斯突出事故。这5种事故通常都会造成重大人员伤亡,都属于严重的事故。其中,瓦斯爆炸事故和煤与瓦斯突出事故发生比较频繁,危害也最大。

(一) 瓦斯爆炸及其预防

瓦斯爆炸就是瓦斯(CH_4)在高温火源的作用下,与空气中的氧气发生剧烈的化学反应，生成二氧化碳和水蒸气，同时产生大量的热量，形成高温、高压，并以极大的速度向外冲击而产生的动力现象。

1. 瓦斯爆炸条件

瓦斯发生爆炸必须同时具备三个基本条件：一是瓦斯浓度在爆炸界限内，一般为5%～16%；二是混合气体中氧气的浓度不小于12%；三是有足够能量的点火源。瓦斯爆炸的三个条件必须同时满足，缺一不可。

2. 预防瓦斯爆炸的措施

预防瓦斯爆炸应从瓦斯爆炸的三个条件入手，即设法防止瓦斯积聚和出现引火火源；同时一旦出现瓦斯爆炸，还要设法防止爆炸事故扩大。其主要措施如下：

（1）防止瓦斯积聚。

（2）防止明火。

（3）防止电火花。

（4）防止爆破火焰。

（5）防止摩擦火花。

（6）防止高温热源。

3. 发生瓦斯煤尘爆炸事故时的应急避险

（1）当灾害发生时一定要镇静清醒，不要惊慌失措、乱喊乱跑。当听到或感觉到爆炸声响和空气冲击波时，应立即背朝声响和气浪传来方向，脸朝下、双手置于身体下面、闭上眼睛迅速卧倒。头部要尽量低，有水沟的地方最好趴在水沟边上或坚固的障碍物后面。

（2）立即屏住呼吸，用湿毛巾捂住口鼻，防止吸入有毒的高温气体，避免中毒和灼伤气管和内脏。

（3）用衣服将自己身上的裸露部分尽量盖严，以防火焰和高温气体灼伤皮肉。

（4）迅速戴好自救器，以防止吸入有毒气体。

（5）高温气浪和冲击波过后应立即辨别方向，以最短的距离进入新鲜风流中，并按照避灾路线尽快逃离灾区。

（6）已无法逃离灾区时，应立即选择进入避难硐室中，充分利用现场的一切器材和设备来保护人员和自身安全。进入避难硐室后要注意安全，最好找到离水源近的地方，设法堵好硐口，防止有害气体进入。注意节约矿灯用电和食品，室外要做好标记，有规律地敲打连接外部的管子、轨道等，发出求救信号。

（二）煤与瓦斯突出及其预防

煤与瓦斯突出是指在压力作用下，破碎的煤与瓦斯由煤体内突然向采掘空间大量喷出，是一种瓦斯特殊涌出。

1. 煤与瓦斯突出的预兆

（1）无声预兆。工作面顶板压力增大，使支架变形、煤壁外鼓、片帮、掉碴、顶板下沉或底板鼓起，煤层层理紊乱，煤暗淡无光泽，煤质变软，瓦斯涌出量异常或忽大忽小，煤壁发凉，打钻时有顶钻卡钻、喷瓦斯等现象。

（2）有声预兆。煤层在变形过程中发生劈裂声、闷雷声、机枪声、响煤炮，声音由远到近、由小到大，有短暂的，有连续的，间隔时间长短也不同，煤壁发生震动和冲击，顶板来压，支架发出断裂声。

特别注意：任何一次突出前，并不是所有预兆都出现，仅出现其中一种或数种，而且有的预兆还不明显；也有的预兆距发生突出的时间很短。因此，发现任何预兆，都要格外警惕，及时报告、躲避。

2. 煤与瓦斯突出事故的预防

对于预防和治理煤与瓦斯突出的各种措施和方法，必须根据具体条件合理选择，应遵守以下各项规定：

（1）在突出地点工作的人员，必须经过专门训练，掌握防治突出的基本知识，熟悉突出的各种预兆和井下的避灾路线。

（2）突出煤层采掘工作面都必须有独立的通风系统，并设专人检查瓦斯。该区域要安设直通矿调度室的电话,发现有突出危险时,立即撤出人员。

(3) 在突出危险区工作的人员必须佩戴隔离式自救器。

(4) 在有突出危险的煤层中进行采掘工作时,在一个或相邻的两个采区中,同一煤层的同一区段,禁止布置两个工作面同时相向回采,禁止两个工作面同时相向掘进。

(5) 有突出危险煤层中的掘进工作面,应在其进风侧的巷道中设置两道坚固的反向风门,并保持回风巷道畅通无阻。

(6) 在突出煤层的采掘工作面附近的进风巷中,必须设置供给压缩空气的避难硐室或急救袋。

3. 发生煤与瓦斯突出事故的应急避险

(1) 佩戴隔离式自救器保护自己。

(2) 寻找可避难的场所。

(3) 新鲜风流区域的职工主动、正确参加救护工作。

第七节 职业危害及职业病防治

一、煤矿职业病危害因素及职业病类型

(一) 职业病及职业病危害概述

职业病是指企业、事业单位和个体经济组织的劳动者在职业活动中,因接触粉尘、放射性物质和其他有毒、有害物质等因素而引起的疾病。

职业病危害是指在生产过程、劳动过程和生产环境这三项劳动条件中,对从业人员的健康和劳动能力产生有害作用的作业场所职业病危害。职业病危害因素包括:职业活动中存在的各种有害的化学、物理、生物因素以及在作业过程中产生的其他有害因素。

职业病是由于职业活动而产生的疾病,但并不是所有工作中

得的病都是职业病。职业病必须具备4个条件：

(1) 患病主体必须是企业、事业单位或个体经济组织的劳动者。

(2) 必须是在从事职业活动过程中产生的。

(3) 必须是因接触粉尘、放射性物质和其他有毒、有害物质等职业病危害因素引起的。

(4) 必须是国家公布的职业病分类和目录所列的职业病。

(二) 煤矿常见职业病危害

煤矿生产中主要的职业病危害因素：粉尘、有毒有害气体、噪声和振动、不良气候条件等。

1. 粉尘

粉尘是煤矿的主要职业病危害。煤矿生产中，采煤、掘进、支护、提升运输、巷道维修等生产环节均会产生粉尘，这些粉尘可能使从业人员患上尘肺病。

2. 有毒有害气体

由于井下爆破、煤氧化、采掘活动等原因，矿井空气中含有甲烷（CH_4）、一氧化碳（CO）、二氧化碳（CO_2）、二氧化氮（NO_2）、硫化氢（H_2S）、二氧化硫（SO_2）、氨气（NH_3）等有毒有害气体，严重影响从业人员身心健康，高浓度有毒气体甚至导致人员伤亡。

3. 噪声和振动

煤矿噪声和振动主要来源于井下机械化生产，其危害取决于生产过程、生产工艺和所使用的工具，如风动凿岩机和局部通风机的噪声和振动等。长期在噪声下工作，可能造成听力下降，甚至引起耳聋；长期接触振动，可能导致局部疼痛，甚至引起内脏器官损伤。

4. 不良气候条件

煤矿井下的不良气候条件有气温高、湿度大，不同地点风速大小不等和温差大等。长期在潮湿环境下工作的人员易患风湿性关节炎等。

此外，劳动强度大、作业姿势不良也是煤矿井下工作的特点，易造成井下从业人员腰腿疼和各种外伤。

(三) 煤矿常见职业病

1. 硅肺病

硅肺病是由于在职业活动中长期在含游离二氧化硅 $SiO_2(F)$ 10%以上、粉尘浓度大于 2 mg/m^3 或含游离二氧化硅 $SiO_2(F)$ 10%以下、粉尘浓度大于 10 mg/m^3 的环境中工作，吸入含游离二氧化硅呼吸性粉尘（矽尘）而引起的以肺组织弥漫性纤维化为主的全身性疾病。

2. 煤肺病

煤肺病是由于在煤炭生产活动中长期吸入煤尘并在肺内滞留而引起的以肺组织弥漫性纤维化为主的全身性疾病，是我国煤炭行业累计患病人数、每年发病人数最多，对煤矿工人身体健康危害最大的职业病。

3. 水泥尘肺

水泥尘肺是由于在职业活动中长期吸入较高浓度的水泥粉尘而引起的一种尘肺病。水泥尘肺发病工龄较长，病情进展缓慢，发病工龄多在 10~15 年。

4. 职业性噪声聋

职业性噪声聋是由于在职业活动中长期接触高噪声而发生的一种进行性的听觉损伤。早期会出现听力下降，继续长期接触，听力损失不能完全恢复，由功能性改变发展为器质性病变。

(四) 从业人员职业病预防的权利和义务

1. 从业人员职业卫生保护权利

(1) 获得职业卫生教育、培训。

(2) 获得职业健康检查，职业病诊疗、康复等职业病防治服务。

(3) 了解工作场所产生或者可能产生的职业病危害因素、

危害后果和应当采取的职业病防护措施。

（4）要求用人单位提供符合防治职业病要求的职业病防护设施和个人使用的职业病防护用品，改善工作条件。

（5）对违反职业病防治法律、法规以及危及生命健康的行为提出批评、检举和控告。

（6）拒绝违章指挥和强令进行没有职业病防护措施的作业。

（7）参与用人单位职业卫生工作的民主管理，对职业病防治工作提出意见和建议。

用人单位应当保障劳动者行使上述权利。因劳动者依法行使正当权利而降低其工资、福利等待遇或者解除、终止与其订立的劳动合同的，其行为无效。

2. 从业人员职业卫生保护义务

劳动者应当学习和掌握相关的职业卫生知识，增强职业病防范意识，遵守职业病防治法律、法规、规章和操作规程，正确使用、维护职业病防护设备和个人使用的职业病防护用品，发现职业病危害事故隐患应当及时报告。劳动者不履行前款规定义务的，用人单位应当对其进行教育。

二、煤矿主要职业病危害因素及防治措施

煤矿职业病的防治，坚持"预防为主、防治结合"的方针，遵循三级预防的原则。第一级预防是使劳动者尽可能不接触职业危害因素，即使在职业危害不可避免的情况下，采取措施降低生产环境中职业危害因素浓度或强度，使之达到国家职业卫生标准；第二级预防是通过早期发现职业损害，并及时处理，防止进一步发展；第三级预防是对已患职业病者，及时做出诊断和进行恰当的治疗，防止恶化和发生并发症，促进康复。

煤矿生产中主要的职业病危害有粉尘、有毒有害气体、噪声和振动、不良气候条件等，应采取积极防治措施，降低甚至消除煤矿职业病危害因素。煤矿职业病危害因素防治措施主要包括以

下内容。

(一) 粉尘的防治

煤矿粉尘主要是煤尘、岩尘和水泥尘。煤尘进入人肺使人患煤肺病，岩尘进入人肺使人患硅肺病，水泥尘进入人肺使人患水泥肺病，通称为尘肺病。

《煤矿安全规程》规定，作业场所空气中粉尘（总粉尘、呼吸性粉尘）浓度应当符合表 1-2 的要求。不符合要求的，应当采取有效措施。

表 1-2 作业场所粉尘浓度要求

粉尘种类	游离 SiO_2 含量/%	时间加权平均容许浓度/$(mg \cdot m^{-3})$	
		总尘	呼尘
煤尘	<10	4	2.5
矽尘	10~50	1	0.7
	50~80	0.7	0.3
	≥80	0.5	0.2
水泥尘	<10	4	1.5

注：时间加权平均容许浓度是以时间加权数规定的 8 h 工作日、40 h 工作周的平均容许接触浓度。

矿尘防治措施有以下方面：

(1) 减尘措施。减少采、掘作业时的粉尘产生量，包括煤层注水、采空区灌水、湿式打眼、水炮泥爆破等。

(2) 降尘措施。包括各产尘点设喷雾洒水装置净化风流等。

(3) 通风排尘。调整合适的风速，增强排尘效果。

(二) 有毒有害气体的防治

矿井空气中含有甲烷（CH_4）、一氧化碳（CO）、二氧化碳（CO_2）、二氧化氮（NO_2）、硫化氢（H_2S）、二氧化硫（SO_2）、氨气（NH_3）等有毒有害气体，会导致职业中毒。

防护措施有以下方面：

(1) 消除有毒有害气体。煤矿井下的有毒气体主要来源于炮烟和煤氧化、火灾等。因为很多有毒气体是易溶于水的，通过加强通风和喷雾洒水排除和降低有毒气体含量，净化空气，是消除毒物危害的最根本、最有效的措施。

(2) 加强个人防护。炮烟未散去或作业现场空气质量太差时，不要急着进入工作面，待炮烟散尽、现场空气质量好转时再进入工作面，还应用好防护服、防护面具、防尘口罩、自救器等。

(3) 提高机体抗御能力。对于在有害物质场所作业人员，给予必要的保健待遇，加强营养和锻炼。

(4) 加强对有害物质的监测，掌握其浓度含量，做到心中有数，控制其危害程度。

(5) 对受到危害的人员及时进行健康检查。必要时实行转岗、换岗作业。

(6) 加强有害物质及预防措施的宣传教育。建立健全安全生产责任制、卫生责任制和岗位责任制。

(三) 生产性噪声的防护

噪声危害损害听觉，引起各种病症，引起事故。

预防噪声危害的措施有以下4个方面。

(1) 控制噪声传播。隔声：用吸声材料、吸声结构和隔声装置将噪声源封闭，防止噪声传播。消声：用吸声材料铺装室内墙壁或悬挂于室内空间，可以吸收辐射和反射声能，降低传播中噪声的强度水平。

(2) 采用合理的防护措施，如利用耳塞防护。合适的耳塞隔声效果可达30~40 dB(A)，对高频噪声的阻隔效果较好。

(3) 合理安排劳动制度。工作时间穿插休息时间，休息时间离开噪声环境，限制噪声工作时间，可减轻噪声对人体的危害。

(4) 卫生保健措施。对受到噪声危害的人员定期体检，听力下降者及时治疗，重者调离噪声作业。就业前体检或定期体检中发现的听觉器官疾病、心血管病、神经系统器质性疾病者，不得从事噪声环境工作。

（四）生产性振动的危害和防护

在生产过程中，按振动作用于人体的方式可分为局部振动和全身振动。局部振动是最常见的和危害较大的振动。

振动危害的预防措施有以下方面。

（1）对局部振动的减振措施。改革工艺和设备，改革工作制度。合理使用减振用品，建立合理的劳动制度，限制作业人员接触振动时间。煤矿井下的振动危害主要来自于煤电钻、风动凿岩机、综采综掘及其他机械对操作人员的危害。

（2）对全身振动的减振措施。在有可能产生较大振动设备的周围设置隔离地沟，衬以橡胶、软木等减振材料，以确保振动不能外传。对振动源采取减振措施，如用弹簧等减振阻尼器，减少振动的传递距离。井下采煤机、掘进机、柴油车等座椅下加泡沫垫等，减弱运行中由于各种原因传来的振动。另外，利用尼龙件代替金属件，可减少机器的振动，及时检修设备，可以防止因零件松动引起的振动。

（五）高温作业的防护

高温作业对循环系统、消化系统、泌尿系统、神经系统等都有危害。

高温作业的防护措施有以下6个方面。

（1）通风降温。加大风速排除热量。风速与温度有一定的关系，合适的风速可使温度降到一定的程度。

（2）喷雾洒水降温。在工作面喷雾洒水既可以降温又可以降尘。

（3）保健防护。供给含盐饮料，以补充人体所需水分和盐分。

（4）发放保健食品。高温环境下作业，人体能量消耗快，应增加蛋白质、热量、维生素等的摄入，以减轻疲劳，提高工作效率。

(5) 个人防护。给工作人员提供结实、耐热、宽大、便于操作的工作服、工作帽、防护眼镜、隔热面具、隔热靴等。

(6) 医疗防护。对在高温条件下作业人员进行就业前体检，凡有心血管系统疾病、高血压、溃疡病、肺气肿、肝病、肾病等疾病不宜从事高温作业的人员不安排从事高温作业或调离高温作业。

三、煤矿劳动防护用品的配备

劳动防护用品是指由用人单位为劳动者配备的，使其在劳动过程中免遭或者减轻事故伤害及职业病危害的个体防护装备。劳动防护用品是由用人单位提供的，保障劳动者安全与健康的辅助性、预防性措施，不得以劳动防护用品替代工程防护设施和其他技术、管理措施。

根据《用人单位劳动防护用品管理规范》以及《煤矿防护用品配备标准》的要求，用人单位应按照识别、评价、选择的程序，结合劳动者作业方式和工作条件，并考虑其个人特点及劳动强度，选择防护功能和效果适用的劳动防护用品，并指导劳动者正确佩戴和使用。

(1) 接触粉尘、有毒有害物质的劳动者应当根据不同粉尘种类、粉尘浓度及游离二氧化硅含量和毒物的种类及浓度配备相应的呼吸器、防护服、防护手套和防护鞋等。

(2) 接触噪声的劳动者当暴露于 80 dB≤LEX，8 h＜85 dB 的工作场所时，用人单位应当根据劳动者需求为其配备适用的护听器；当暴露于 LEX，8 h≥85 dB 的工作场所时，用人单位必须为劳动者配备适用的护听器。

(3) 工作场所中存在电离辐射危害的，经危害评价确认劳动者需佩戴劳动防护用品的，用人单位可参照电离辐射的相关标准及《个体防护装备配备基本要求》(GB/T 29510) 为劳动者配备劳动防护用品。

(4) 从事存在物体坠落、碎屑飞溅、转动机械和锋利器具等作业的劳动者,用人单位还可参照《个体防护装备选用规范》(GB/T 11651)、《头部防护安全帽选用规范》(GB/T 30041) 和《坠落防护装备安全使用规范》(GB/T 23468) 等标准,为劳动者配备适用的劳动防护用品。

(5) 同一工作地点存在不同种类的危险、有害因素的,应当为劳动者同时提供防御各类危害的劳动防护用品。需要同时配备的劳动防护用品,还应考虑其可兼容性。劳动者在不同地点工作,并接触不同的危险、有害因素,或接触不同的危害程度的有害因素的,为其选配的劳动防护用品应满足不同工作地点的防护需求。

(6) 劳动防护用品的选择还应当考虑其佩戴的合适性和基本舒适性,根据个人特点和需求选择适合型号、式样。

(7) 用人单位应当在可能发生急性职业损伤的有毒、有害工作场所配备应急劳动防护用品,放置于现场临近位置并有醒目标识。用人单位应当为巡检等流动性作业的劳动者配备随身携带的个人应急防护用品。

四、职业病诊断、鉴定与职业病患者保障

(一) 职业健康监护

职业健康监护是指以预防为目的,根据劳动者的职业接触史,通过定期或不定期的医学健康检查和健康相关资料的收集,连续性地监测劳动者的健康状况,分析劳动者健康变化与所接触的职业病危害因素的关系,并及时将健康检查和资料分析结果报告给用人单位和劳动者本人,以便及时采取干预措施,保护劳动者健康。

职业健康监护主要包括职业健康检查、离岗后健康检查、应

急健康检查和职业健康监护档案管理等内容。

1. 职业健康检查

职业健康检查分为上岗前职业健康检查、在岗期间职业健康检查和离岗时职业健康检查。

2. 职业健康检查项目及体检周期

根据《职业健康监护技术规范》(GBZ 188—2014)的基本要求,按照《煤矿作业场所职业病危害防治规定》,与煤炭行业有关的职业健康检查内容如下。

(1) 游离二氧化硅粉尘,检查周期为1年。

(2) 煤尘,检查周期为2年。

(3) 水泥尘、电焊烟尘,检查周期为2年。

(4) 噪声,检查周期:作业场所噪声8 h等效声级≥85 dB,1年1次;作业场所噪声8 h等效声级≥80 dB,<85 dB,2年1次。

(5) 高温,检查周期:1年。应在每年高温季节到来之前进行。

(6) 手传振动,检查周期为2年。

(7) 氮氧化物,检查周期为1年。

(8) 一氧化碳,检查周期为3年。

(9) 硫化氢,检查周期为3年。

《煤矿作业场所职业病危害防治规定》中规定:煤矿不得安排未经上岗前职业健康检查的人员从事接触职业病危害的作业;不得安排有职业禁忌的人员从事其所禁忌的作业;不得安排未成年工从事接触职业病危害的作业;不得安排孕期、哺乳期的女职工从事对本人和胎儿、婴儿有危害的作业。劳动者接受职业健康检查应当视同正常出勤,煤矿企业不得以常规健康检查代替职业健康检查。

(二) 职业病诊断与鉴定

劳动者健康出现损害需要进行职业病诊断、鉴定的,煤矿企业应当如实提供职业病诊断、鉴定所需的劳动者职业史和职业病危害接触史、作业场所职业病危害因素检测结果等资料。

1. 职业病诊断

职业病诊断必须在职业病诊断机构进行，应选择用人单位所在地、劳动者本人户籍所在地或者经常居住地的职业病诊断机构进行职业病诊断。职业病诊断机构组织3名以上单数职业病诊断医师进行集体诊断。职业病诊断医师独立分析、判断并提出诊断意见，任何单位和个人无权干预。职业病诊断机构做出职业病诊断结论后，出具职业病诊断证明书。证明书包括诊断结论和诊断时间。

2. 职业病鉴定

当事人如果对职业病诊断结果或职业病鉴定结论有异议，可以在接到职业病诊断证明书之日起30日内，向职业病诊断机构所在地设区的市级卫生行政部门申请鉴定。当事人对设区的市级职业病鉴定结论不服的，可以在接到鉴定书之日起15日内，向原鉴定组织所在地省级卫生行政部门申请再次鉴定。职业病鉴定实行两级鉴定制，省级职业病鉴定结论为最终鉴定。

3. 职业健康监护档案

煤矿应当为劳动者个人建立职业健康监护档案，并按照有关规定的期限妥善保存。职业健康监护档案应当包括劳动者个人基本情况、劳动者职业史和职业病危害接触史，历次职业健康检查结果及处理情况，职业病诊疗等资料。劳动者离开煤矿时，有权索取本人职业健康监护档案复印件，煤矿必须如实、无偿提供，并在所提供的复印件上签章。

第八节 自救、互救与现场急救

大量实践证明，当矿井发生灾害事故后，事故现场人员在万分危急的情况下，依靠自己的智慧和力量，积极正确地开展自救和互救工作,是最大限度地减少事故损失的重要环节。所以每个入井人员都必须掌握自救互救的基本方法。

一、自救器的使用

煤矿必须使用隔离式自救器。隔离式自救器能防护所有的有害气体,它的作用包括提供氧气、防止窒息和防止有害气体中毒。隔离式自救器分类见表1-3。

表1-3 自 救 器 分 类

	隔 离 式	
	压缩氧	化学氧
气源	压缩氧气	化学生氧
周期	反复使用	一次性
维护保养	复杂	简单
适用范围	有毒有害、缺氧环境	

(一)化学氧自救器的使用

化学氧自救器是指利用化学生氧物质产生氧气的隔离式呼吸保护器。它用于灾区空气中缺氧或存在有毒有害气体的环境,供一般入井人员使用,只能使用1次。

1. 化学氧自救器结构及原理

化学氧自救器结构及原理如图1-1所示。

2. 使用方法

(1)佩戴位置。将专用腰带穿入自救器腰带环内,固定在背部右侧腰间,如图1-2a所示。

(2)开启扳手。使用时先将自救器沿腰带转到右侧腹前,左手托底,右手拉护罩胶片,使护罩挂钩脱离壳体,再用右手掰锁口带扳手至封印条断开后,丢开锁口带,如图1-2b所示。

(3)去掉上外壳。左手抓住下外壳,右手将上外壳用力拔

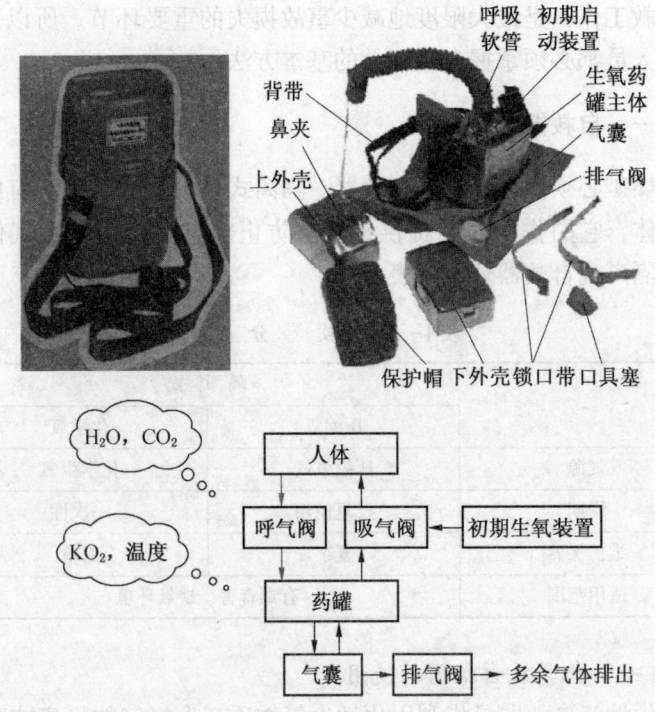

图 1-1　化学氧自救器的结构及原理

下、扔掉，如图 1-2c 所示。

(4) 套上挎带。将挎带套在脖子上，如图 1-2d 所示。

(5) 提起口具并立即戴好。拔出启动针，使气囊逐渐鼓起，立即拔掉口具塞并同时将口具塞入口中，口具片置于唇齿之间，牙齿紧紧咬住牙垫，紧闭嘴唇，如图 1-2e 所示。

(6) 夹好鼻夹。两手同时抓住两个鼻夹垫的圆柱形把柄，将弹簧拉开，憋住一口气，使鼻夹垫准确地夹住鼻子。

(7) 调整挎带。如果挎带过长，抬不起头，可以拉动挎带上的大圆环，使挎带缩短，长度适宜后，系在小圆环上，如图 1-2f 所示。

第一章 安全素质基本要求

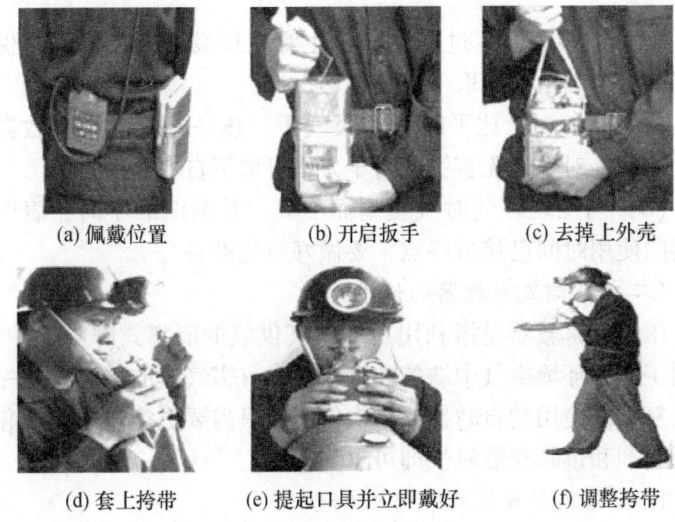

图1-2 化学氧自救器的使用方法

（8）退出灾区。上述操作完成后，开始撤离灾区。途中感到吸气不足时不要惊慌，应放慢脚步，做深呼吸，待气量充足后再快步行走。

3. 使用注意事项

（1）每班携带自救器前，应检查自救器外壳有无损伤或松动，如发现不正常现象应及时将自救器送到发放室检查校验。

（2）携带自救器时，应避免碰撞、跌落，禁止将自救器当坐垫用；禁止用尖锐的器具猛砸外壳或药罐；禁止自救器接触带电体或被浸泡在水中。

（3）携带自救器时，任何场所不准随意打开自救器上外壳；如果自救器上外壳已意外开启，应立即停止携带，做报废处理。

（4）在井下工作时，一旦发现事故征兆，应立即佩戴自救器后迅速撤离。佩戴自救器要求操作准确、迅速。

（5）佩戴自救器撤离火区时，要冷静、沉着，最好匀速行走。

(6) 在整个逃生过程中,要注意把口具、鼻夹戴好,保证不漏气,严禁从口中取下口具说话。

(7) 吸气时,比平时正常吸气干、热一些,表明自救器在正常工作,对人体无害,此时千万不可取下自救器。

(8) 当发现呼气时气囊瘪而不鼓,并渐渐缩小时,表明自救器的使用时间已接近终点,要做好应急准备。

(二) 压缩氧自救器的使用

压缩氧自救器是指利用压缩氧气供氧的隔离式呼吸保护器。它用于灾区环境空气中缺氧或存在有毒有害气体的情况,是一种可反复多次使用的自救器,每次使用后只需要更换吸收二氧化碳的吸收剂和重新充装氧气即可重复使用。

1. 压缩氧自救器的结构及原理

压缩氧自救器的结构和原理如图 1-3 所示。

2. 使用方法

(1) 携带时,挎在肩膀上或者挂在专用皮带上(图 1-4)。

(2) 使用时,先打开外壳封口带手把。

(3) 打开上盖,然后左手抓住氧气瓶,右手用力向上提上盖,此时氧气瓶开关即可自动打开,随后将主机从下壳中拽出。

(4) 摘下安全帽,挎上挎带,戴好安全帽。

(5) 拔开口具塞,将口具放入口腔里,牙齿咬住牙垫。

(6) 将鼻夹夹在鼻子上,开始呼吸。

(7) 在呼吸的同时,按动补给按钮,大约 1~2 s,气囊充满后立即停止(在使用过程中发现气囊供气不足时,按上述方法操作)。

(8) 挂上腰钩。

3. 使用注意事项

(1) 使用符合 MT 454—1995 标准的 CO_2 吸收剂,每隔半年更换一次。

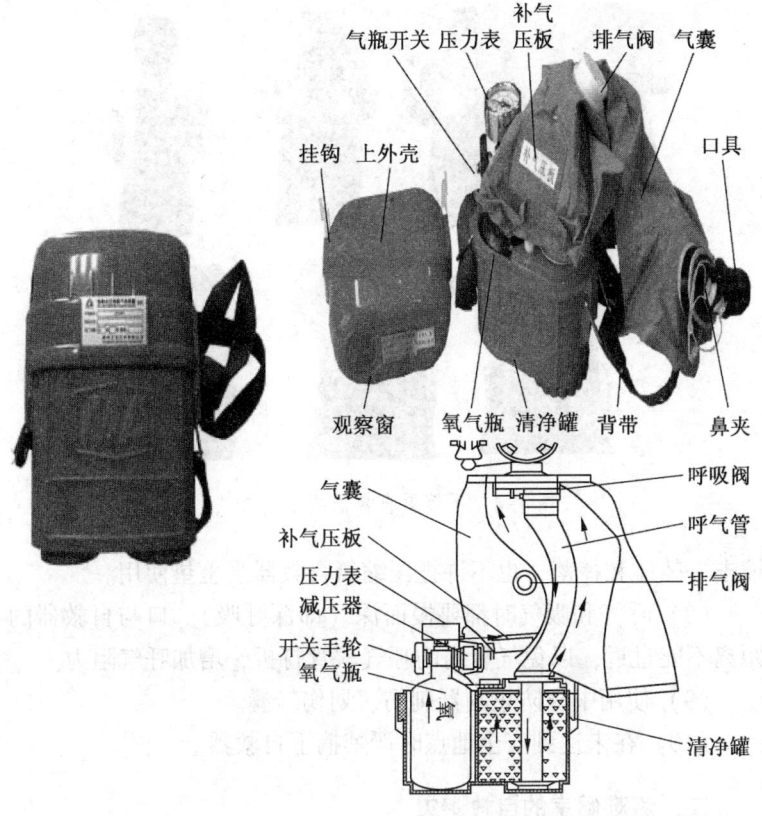

图 1-3 压缩氧自救器的结构和原理

（2）清净罐中的 CO_2 吸收剂，无论是否使用到额定防护时间，必须倒空后，重新换装新药。

（3）用于充填自救器的氧气应符合 GB 8982 的规定。

（4）每隔 3 年要对氧气瓶做水压试验。

（5）每隔半年检查一次气密和氧气压力。

（6）使用中要经常观察压力表，以掌握耗氧情况。

（7）高压氧气瓶储装有 20 MPa 的氧气，携带过程中要防止

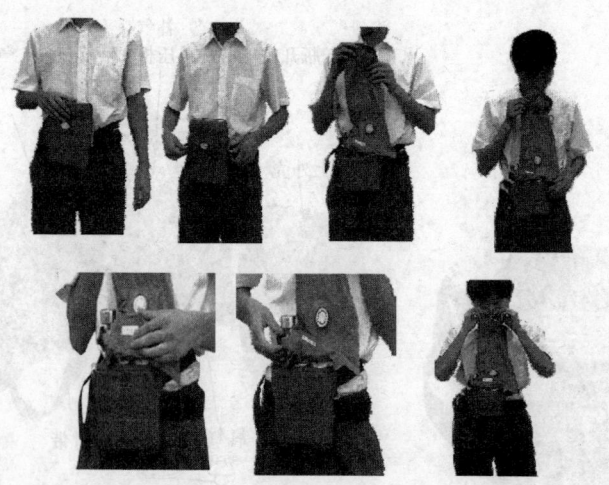

图 1-4 压缩氧自救器的使用方法

撞击、磕碰和摔落,也不许把压缩氧自救器当坐垫使用。

(8) 呼气和吸气时都要慢而深(即深呼吸)。口与自救器的距离不能过近,以免气囊内的呼气软管打折,增加呼气阻力。

(9) 使用中应防止利器刺伤、划伤气囊。

(10) 在未达到安全地点时严禁摘下自救器。

二、避难硐室的自救避灾

避难硐室是井下发生灾害事故后,人员无法撤离灾区时的避难场所。避难硐室分事先构筑好的永久避难硐室和由避灾人员用身边现有材料建造的临时避难硐室(图 1-5)。

(一) 永久避难硐室

采用多层支护方式,具有防爆密闭、氧气供应、空气监测、二氧化碳吸附、空气温湿度控制、电力供应、通信联络、食品饮水供应等功能,并且可以通过直达地面的救援钻孔获得新鲜空气、电力供应、流食供应,进行通信联络。

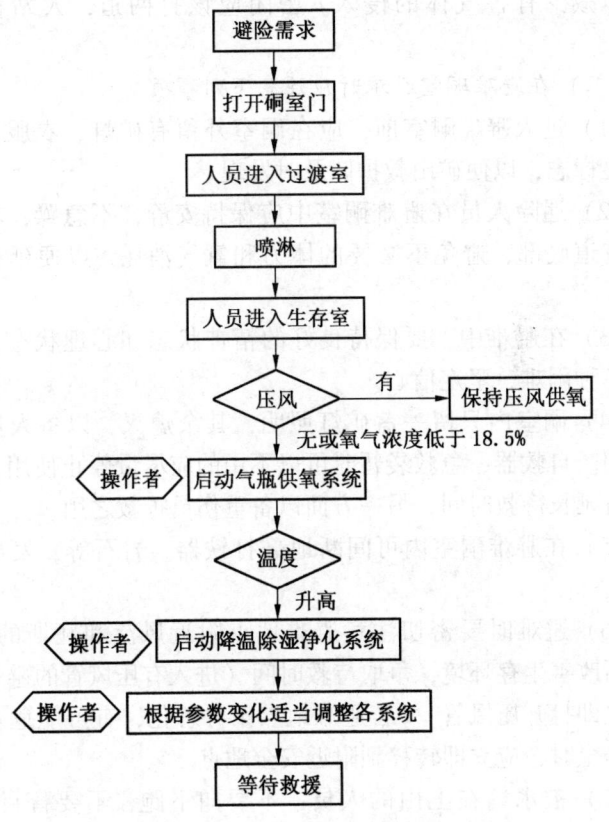

图 1-5　进入避难硐室的流程

(二) 临时避难硐室

临时避难硐室是一旦出现灾变事故，遇险人员在等待救援的过程中利用现场的材料临时搭建的设施。临时避难硐室是利用独头巷道、硐室或两道风门之间的巷道，由避灾人员临时修建的。所以，应在这些地点事先准备好所需的木板、木桩、风筒、黏土、砂子或砖等材料，还应装有带阀门的压气管。避灾时，若无构筑材料，避灾人员就用衣服和身边现有的材料临时构筑避难硐室，以减少有害气体的侵入。密闭应该打两道，人站在里面打筑。

(三) 在避难硐室避难时应注意下列事项

(1) 进入避难硐室前，应在硐室外留有矿灯、衣服、工具等明显标志，以便矿山救护队及时发现。

(2) 遇险人员在避难硐室中应保持安静，不急躁，尽量俯卧于巷道底部，避免不必要的体力和氧气消耗，以便延长避难时间。

(3) 在避难中，要保持良好的精神状态和心理状态，坚持克服各种困难，坚定信心。

(4) 硐室内只留一盏矿灯照明，其余熄灭，以备人员撤离时使用。自救器、急救袋暂时可以不用的应尽量停止使用，一方面以备延长待救时间，另一方面以备重伤员抢救之用。

(5) 在避难硐室内可间断地敲打铁器、岩石等，发出呼救信号。

(6) 避难时要密切注意避难地点附近风流和瓦斯的情况，要不断改善生存环境，争取待救时间（进入有压风管的避难硐室时应立即打开压风管）。若避难地点条件恶化，有可能危及人员生命安全时，应立即转移到附近安全地点。

(7) 被水堵在上山的人员，不要向下跑，不要盲目探险。水被排走露出顶板时，也不要急于出来，以防 SO_2、H_2S 等气体中毒。

(8) 看到救护队员后不要过于激动，以防血管破裂。避难时间过长，被救后不能过多饮食和见到强烈光线，以防损伤消化器官和眼睛。

三、矿工自救互救的行动原则

1. 自救时应遵守"灭、护、撤、躲"四原则

(1) 灭：就是在保证安全的前提下，采取积极有效措施，

将事故消灭在初始阶段或控制在最小范围，最大限度地减少事故造成的伤害和损失。

（2）护：因事故造成自己所在地点的有毒有害气体浓度增高，可能危及人员生命安全时，可佩用自救器，或用湿毛巾捂住口鼻等。

（3）撤：当灾区现场不具备抢救事故的条件，或可能危及人员的安全时，要以最快速度，选择最近的路线撤离灾区。

（4）躲：如在短时间内无法安全撤离灾区时，应迅速进入预先构筑的避难硐室或其他安全地点暂时躲避，等待援救，也可利用现场的设施和材料构筑临时避难硐室。

2. 矿工互救时必须遵守"三先三后"的原则

（1）对窒息（呼吸道完全堵塞）或心跳、呼吸骤停的伤员，必须先复苏，后搬运。

（2）对出血伤员，先止血，后搬运。

（3）对骨折的伤员，先固定，后搬运。

四、现场急救

现场急救的关键在于"及时"。时间上突出一个"急"字，技术上突出一个"救"字。争取在最短的时间内有效地完成急救和安全转运任务。对伤员要快抢、快救和快运是事故伤员救治工作的第一步，这不但直接关系到伤员的生死，而且能为后续各级救治打下基础，必须及时、准确。要做好伤员分类工作，优先抢救危重伤员，积极防治休克、感染等并发症。

现场互救必须遵守转运原则：初步确切止血，骨折简易固定，生命体征平稳，医护全程护送，边救边送，就近医院救治。

现场急救必须遵守"三先三后"的原则：

（1）窒息（呼吸道完全堵塞）或心跳、呼吸骤停的伤员，必须先进行人工呼吸或心脏复苏后搬运。

（2）对出血的伤员，先止血，后搬运。

（3）对骨折的伤员，先固定，后搬运。

现场急救的方法包括心肺复苏、止血、创伤包扎、骨折临时固定和伤员搬运。

(一) 心肺复苏

心肺复苏是针对骤停的心跳和呼吸采取的救命技术。即以人工呼吸代替自主呼吸,以胸外按压形成暂时人工循环并诱发心脏的自主搏动。

心脏骤停的识别:检查患者无反应(即无意识)、无呼吸或仅是喘息(即呼吸不正常)、不能在 10 s 内明确感觉到脉搏(10 s 内可同时检查呼吸和脉搏)。作为非专业的急救人员,只要检查患者无反应,无呼吸或仅是喘息即可判断为发生了心脏骤停。

2015 年心肺复苏指南"生存链",也就是院内心脏骤停与院外心脏骤停生存链(图1-6)。

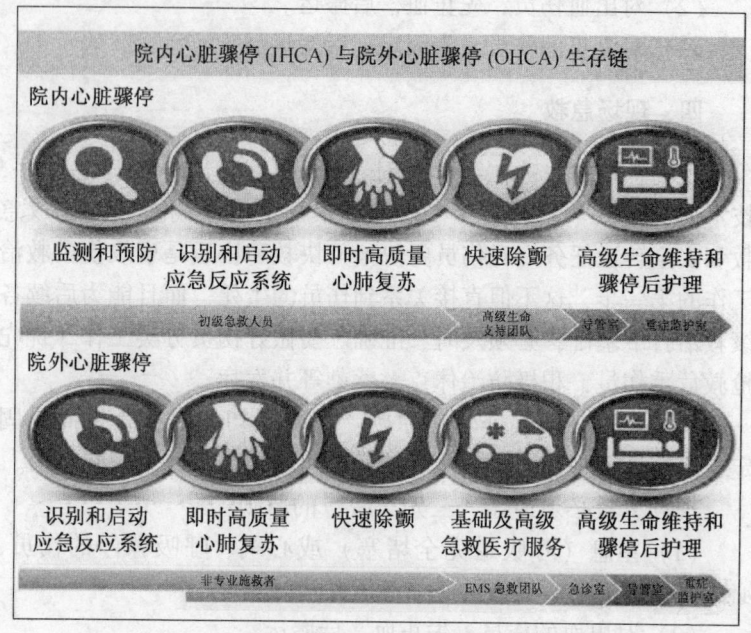

图 1-6　院内心脏骤停与院外心脏骤停生存链

而针对煤矿井下，主要是院外急救相关知识的掌握。

一旦发现有人晕倒应采取六个步骤措施（图1-7）：第一步，评估环境安全；第二步，判断意识；第三步，呼救；第四步，翻转体位；第五步，判断呼吸；第六步，胸外心脏按压。

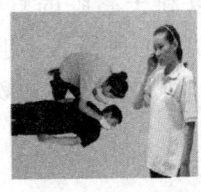  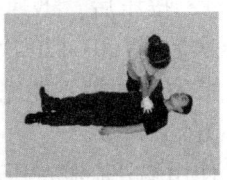

图1-7　发现有人晕倒的处理程序

胸外心脏按压部位在胸部正中，与乳头连线水平（男同志为两乳头连线中点）。用右手中、食指沿一侧肋弓向内上方滑动至胸骨下端，左手掌根靠紧食指，放于胸骨上（图1-8）。按压频率：100~120次/min。按压深度：5~6 cm。

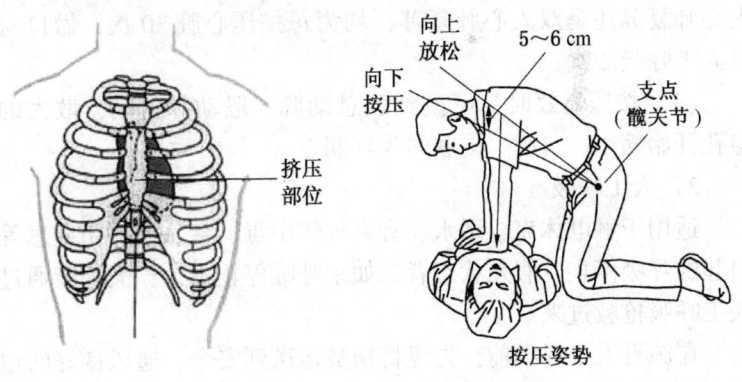

图1-8　胸外心脏按压部位示意图

1）胸外心脏按压

首先使伤员仰卧在木板或地上，解开其上衣和腰带，脱掉其胶鞋。救护者位于伤员右侧，手掌面与前臂垂直，一手掌面压在另一手掌面上,使双手掌根重叠置于伤员胸骨 1/3 处(其下方为心脏),双臂形成一直线,与患者胸部垂直,以髋关节为轴利用上身的重量有节奏地垂直下压,接触胸壁的五指尽量翘起。成人按压幅度为 5~6 cm(即深度至少 5 cm 而不应超过 6 cm);按压后,迅速抬手使胸骨复位,以利于心脏的舒张。按压次数以 100~120 次/min 为宜。按压过快,心脏舒张不够充分,心室内血液不能完全充盈;按压过慢,动脉压力低,效果也不好。

使用胸外心脏按压术时的注意事项如下:

(1) 按压的力量应因人而异。对身强力壮的伤员按压力量可大些;对年老体弱的伤员力量宜小些。按压的力量要稳健有力、均匀规则,重力应放在手掌根部,着力仅在胸骨处,切勿在心尖部按压。同时注意用力不能过猛,否则可致肋骨骨折、心包积血或引起气胸等。

(2) 胸外心脏按压与口对口吹气法最好同时施行,无论单人心肺复苏还是双人心肺复苏,均为每按压心脏 30 次,做口对口人工呼吸 2 次。

(3) 按压显效时,可摸到颈总动脉、股动脉搏动,散大的瞳孔开始缩小,口唇、皮肤转为红润。

2)人工呼吸

适用于触电休克、溺水、有害气体中毒、窒息或外伤窒息等引起的呼吸停止、假死状态者。如果呼吸停止不久,大都能通过人工呼吸抢救过来。

在施行人工呼吸前,先要将伤员运送到安全、通风良好的地点,将伤员领口解开,注意保持体温,腰背部垫上软的衣服等。先清除口中杂物,把舌头拉出或压住,防止堵住喉咙,妨碍呼吸。各种有效的人工呼吸都必须在呼吸道畅通的前提下进行。常用的方法有口对口吹气法、仰卧压胸法和俯卧压背法三种。

(1) 口对口吹气法。

它是效果最好、操作最简单的一种人工呼吸方法。对没有颈椎损伤的患者，操作前使伤员仰卧，救护者将一手置于患者前额部，用力使头部后仰，另一手置于下颌骨骨折部分向上抬颏。成人畅通气道最佳位置是使下颌尖、耳垂连线与地面垂直成 90°。吹气时一只手将其鼻孔捏住，缓慢吹气（持续 1 s），吹气成功的标识是胸腹部略微起伏（1 次/5~6 s）。如此有节律、均匀地反复进行，每分钟应吹气 14~16 次。注意吹气时切勿过猛、过短，也不宜过长，以占一次呼吸周期的 1/3 为宜。

（2）仰卧压胸法。

让伤员仰卧，救护者跨跪在伤员大腿两侧，两手拇指向内，其余四指向外伸出，平放在其胸部两侧乳头之下，借半身重力压伤员胸部，挤出伤员肺内空气；然后救护者身体后仰，除去压力，伤员胸部依其弹性自然扩张，使空气被吸入肺内。如此有节律地进行，要求每分钟压胸 16~20 次。

此法不适用于胸部外伤或 SO_2、NO_2 中毒者，也不能与胸外心脏按压法同时进行。

（3）俯卧压背法。

此法与仰卧压胸法操作大致相同，只是伤员俯卧，救护者跨跪在伤员大腿两侧。因为这种方法便于排出肺内水分，因而对溺水者急救较为适合。

（二）止血

1. 少量出血的处理

表面伤口和擦伤，应该用干净的水冲洗，用创可贴或干净的纱布、手绢包扎伤口。

2. 严重出血的止血方法

（1）直接压迫止血，如图 1-9 所示。

（2）加压包扎止血，如图 1-10 所示。

（3）止血带止血。常用的止血带止血方法有：表带式止血带止血、橡胶管止血带止血、布带止血带止血。使用止血带的注意事项：

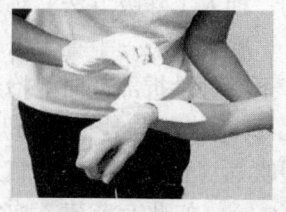 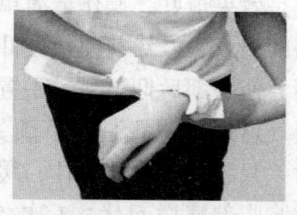

图1-9 直接压迫止血示意图

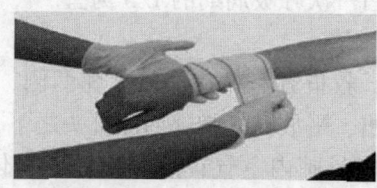

图1-10 加压包扎止血示意图

①止血带不能直接缠在皮肤上。
②上肢出血扎在上臂上方1/3处,下肢出血扎在大腿中上部。
③松紧适度。
④做好明显标记。
⑤每隔40~50 min放松一次,每次放松2~3 min。放松时,应采取指压止血。
⑥不能用铁丝、电线、绳索等代替止血带。
⑦结扎止血带的时间一般不应超过2 h。

(三) 包扎

1. 包扎的目的

止血,保护伤口,防止感染,固定夹板和敷料。

2. 包扎的要求

轻、快、准、牢;先盖后包。

3. 包扎的材料

绷带、三角巾、四头带、多头带、就地取材。

4. 绷带包扎方法

常用的有环形包扎法、螺旋包扎法、螺旋反折包扎法、"8"字包扎法、回返包扎法等。

(四) 骨折的固定

骨折原因：外力（直接、间接、肌肉拉力）。

骨折判定：肿胀、疼痛、畸形、功能障碍。

骨折固定目的：制动，避免再次损伤，利于搬运。

骨折固定材料：夹板、充气夹板、固定架、健侧肢体、就地取材。

骨折固定原则：

(1) 首先检查意识、呼吸、脉搏，以及处理严重出血。

(2) 夹板的长度应能将骨折处的上下关节一同加以固定。

(3) 骨断端暴露，不要拉动，不要送回伤口内。

(4) 开放性骨折现场不要冲洗、不要涂药，应该先止血包扎，再固定。

(5) 暴露肢体末端，以便观察血运。

(五) 伤员的搬运护送

搬运时应尽量不增加伤员的痛苦，避免造成新的损伤及并发症。常用的搬运方法如下：

(1) 单人徒手搬运法：常用的有扶行法、背负法、拖行法（腋下拖行、衣服拖行、毛毯拖行）、爬行法等。

(2) 双人徒手搬运法：常用的有轿杠式、椅拖式两种。

(3) 三人徒手搬运法。

(4) 四人徒手搬运法。

(5) 担架搬运法。

(六) 对不同伤员的现场急救

1. 对中毒或窒息人员的急救

(1) 立即将伤员从危险区抢运到新鲜风流中，取平卧位。

(2) 立即将伤员口、鼻内的黏液、血块、泥土、碎煤等除去，解开上衣和腰带，脱掉胶鞋。

（3）用衣服覆盖在伤员身上保暖。

（4）根据心跳、呼吸、瞳孔等特征和伤员的神智情况，初步判定伤情的轻重。如发现呼吸心跳骤停，立即心肺复苏。

（5）当伤员出现眼红肿、流泪、畏光、喉痛、咳嗽、胸闷现象时，说明是二氧化硫中毒所致。当出现眼红肿、流泪、喉痛及手指、头发呈黄褐色现象时，说明伤员是二氧化氮中毒。一氧化碳中毒的显著特征是嘴唇呈桃红色，两颊有红斑点。对二氧化硫、二氧化氮中毒者只能进行口对口的人工呼吸，不能进行压胸或压背法的人工呼吸。

（6）人工呼吸持续的时间以恢复自主性呼吸或到伤员真正死亡时为止。当救护队来到后，转由救护人员用苏生器复苏。

2. 对外伤人员的急救

对外伤人员的急救、包扎，对烧伤人员的急救，对出血人员的急救和对骨折人员的急救，分别采用包扎创面、止血和骨折临时固定等急救措施，然后迅速送到地面，到医院救治。

3. 对溺水者的急救

突水中人员溺水时，可能呼吸困难而窒息死亡。应采取如下措施急救：

（1）转送。把溺水者从水中救出后，立即送到比较温暖和空气流动的地方，松开腰带，脱掉湿衣服，盖上干衣服保暖。

（2）检查。检查溺水者的口鼻，如果有泥水和污物堵塞，应迅速清除，擦洗干净，以保持呼吸道通畅。

（3）发现呼吸心跳停止，即采取心肺复苏。

（4）现场救护有效，用干毛巾擦遍全身，自四肢、躯干向心脏方向摩擦，促进血液循环。

4. 对触电者的急救

（1）立即切断电源，或使触电者脱离电源。

（2）迅速观察伤员有无呼吸和心跳。如发现已停止呼吸或心音微弱，应立即进行人工呼吸或胸外心脏按压。

（3）若呼吸和心跳都已停止，应同时进行人工呼吸或胸外心脏按压。

（4）对遭受电击者，若有其他损伤，如跌伤、出血等，应做相应的急救处理。

5. 对冒顶埋压人员现场急救

（1）扒伤员时须注意不要损伤人体。靠近伤员身边时，扒掘动作要轻巧稳重，以免对伤员造成伤害。

（2）如果确知伤员头部位置，应先扒去其头部煤岩块，以使头部尽早露出。扒出头部后，要立即清除口腔、鼻腔的污物，与此同时扒出身体其他部位。

（3）此类伤员常常发生骨折，因此在扒掘与抬离时必须十分小心。严禁用手去拖拉伤员双脚或用其他粗鲁动作，以免增加伤势。

（4）当伤员呼吸困难或停止呼吸时，可进行口对口人工呼吸。

（5）有大出血者，应立即止血。

（6）有骨折者，应用夹板固定。如怀疑有脊柱骨折的，应该用硬板担架转运，千万不能由人扶持或抬运。

（7）转运时须有医务人员护送，以便对发生的危险情况给予急救。

6. 对长期被困在井下的人员急救

（1）严禁用矿灯照射遇险者的眼睛，应用毛巾、衣服片、纸张等蒙住其眼睛。

（2）用棉花或纸张堵住双耳。

（3）注意保暖。

（4）不能立即升井，应将其放在安全地点逐渐适应环境和稳定情绪。待情绪稳定、体温、脉搏、呼吸及血压等稍有好转后，方可升井送医院。

（5）搬运时要轻抬轻放，缓慢行走，注意伤情变化。

（6）升井后和治疗初期，劝阻亲属探视，以免伤员过度兴奋发生意外。

（7）不能让其吃过量或硬的食物，限量吃一些稀软、易消化的食物，使肠胃功能逐渐恢复。

第二章 安全技术基础知识

第一节 专业技术基础知识

一、测风专业基础知识

矿井通风是保障煤矿安全生产的重要技术手段。矿井通风的任务是：

(1) 向井下各场所连续不断地输送足够的新鲜空气，保证井下人员生存所需的氧气。

(2) 冲淡和稀释并排除井下有毒有害气体和粉尘。

(3) 调节煤矿井下气候条件，给井下作业人员创造良好的生产工作环境，保证井下设备、仪表、仪器的正常运行。

(4) 保证井下人员身体健康和生命安全，提高劳动效率，从而达到安全、高效、健康的目的。

保证井下各工作地点有足够的风量，确保安全生产，是矿井通风的主要目的。但用风地点是否供给按计划要求的风量，各巷道的实际风速是否符合要求，以及检查矿井或局部地区漏风情况等，主要依靠正确地测量风量。《煤矿安全规程》规定"矿井必须建立测风制度，每10天至少进行1次全面测风。对采掘工作面和其他用风地点，应当根据实际需要随时测风，每次测风结果应当记录并写在测风地点的记录牌上。××矿测风旬报表见表2-1。应当根据测风结果采取措施，进行风量调节"。以上工作主要由矿井测风工完成，因此矿井测风工必须了解风流的基本规律，掌握测风仪器的基本性能和测风的技能。

矿井采掘工作面的布置情况不断发生变化,需要及时调整通风系统和进行风量调节,以满足各用风地点的需风要求,保证安全正常生产。通过对矿井进行全面的通风测定,可以了解总进风量、总回风量和各个用风地点的风量、风速及矿井的漏风、有效风量等现状及变化情况。所以,矿井必须建立测风制度。

在煤矿生产过程中,采、掘、运等各项主要生产过程都会产生大量的粉尘。为了评估作业场所空气中粉尘的危害程度,加强防尘措施的科学管理,保护职工的安全和健康,促进生产发展,煤矿在生产过程中必须定期进行粉尘测定。××矿测风旬报表见表2-1。

表2-1 ××矿测风旬报表

测风记录牌板			
地点		风速	m/s
巷道断面	m²	风量	m³/min
温度	℃	甲烷	%
氧气	%	二氧化碳	%
测风员		测定日期	年 月 日

二、测尘专业基础知识

1. 矿井测尘的目的

(1) 通过对生产环境空气中粉尘含量及物理化学性质的测定,为观察扬尘作业环境中接触粉尘工人健康水平、尘肺病的发生情况提供必要的环境因素资料。

(2) 通过生产环境中粉尘测定的情况,确定被测环境空气中粉尘的质和量是否符合国家卫生监督标准,为监督部门提供必要的依据。

(3) 通过对生产环境空气中粉尘存在情况的测定,为评估作业环境防尘管理的效果,改善作业环境,提供必要的科学依据。

(4) 通过对生产环境防尘情况的测定和数据积累,为研究尘肺病发展规律,制定粉尘卫生标准提供科学依据。

(5) 为防止煤尘或其他有爆炸危险的粉尘爆炸提供科学依据。

2. 矿井测尘要求

《煤矿安全规程》第六百四十条规定,作业场所空气中粉尘(总粉尘、呼吸性粉尘)浓度应当符合《煤矿安全规程》的要求,不符合要求的,应当采取有效措施。

在煤矿常见的岩石中游离二氧化硅的含量:砂岩为33%~76%,砂质页岩为47%~53%,泥质页岩为2.6%~26%,石灰岩小于10%,煤小于5%;

作业人员在含尘空气中的感觉:当粉尘浓度达到 2 g/m³ 时,感到呛人;当粉尘浓度为 3~5 g/m³ 时,感到呼吸困难;当粉尘浓度大于 10 g/m³ 时,伸手难辨五指。

3. 粉尘浓度测量人员的岗位职责和任职条件

煤矿粉尘测定工作必须按照《煤矿井下粉尘防治规范矿井综合防尘标准》要求,各矿务局(集团公司)必须建立防尘管理机构,负责各矿井的粉尘业务领导工作,每一个生产矿井和建设矿井均需建立专职粉尘机构,根据本单位情况,由通风区(科)或职业病防治所领导管理这项工作。

测尘人员必须具有初中以上文化程度和2年以上井下作业工龄;必须接受专门的测尘技术培训,经考核合格,方能独立从事测尘工作。为保证测尘工作的质量,测尘人员的工作应保持相对稳定,不能随意调动。

4. 采样地点的选择和布置

由于煤矿井下各生产环节均产生一定量的矿尘,为了能正确地评价矿尘对于人体的危害程度,无论采取什么方法,测定粉尘浓度时,均应把测尘点布置在尘源的下风侧、矿尘扩散得较为均匀的人工呼吸带内,准确地选择测尘地点。《煤矿安全规程》对粉尘监测采样点布置的要求见表2-2。

表2-2 粉尘监测采样点布置

类别	生产工艺	测尘点布置
采煤工作面	司机操作采煤机、打眼、人工落煤及攉煤	工人作业地点
	多工序同时作业	回风巷距工作面10~15 m处
掘进工作面	司机操作掘进机、打眼、装岩（煤）、锚喷支护	工人作业地点
	多工序同时作业（爆破作业除外）	距掘进头10~15 m回风侧
其他场所	翻罐笼作业、巷道维修、转载点	工人作业地点
露天煤矿	穿孔机作业、挖掘机作业	下风侧3~5 m处
	司机操作穿孔机、司机操作挖掘机、汽车运输	操作室内
地面作业场所	地面煤仓、储煤场、输送机运输等处进行生产作业	作业人员活动范围内

煤矿粉尘的分散度是各种颗粒范围内的粉尘数量、质量或体积占粉尘总量的百分比。分散度对煤矿工人尘矽肺病的发生和发展也有重要影响，因此必须重视粉尘的分散度测定。与测量游离SiO_2含量相比，粉尘分散度的测量操作方法相对简单。

粉尘分散度测量的目的是在了解粉尘浓度的基础上，更进一步衡量粉尘的危害性，对工作地点的劳动卫生条件进行评估，同时对正确选择防尘装备和措施，检验其实际效果，具有重要意义。

粉尘的粒径分布是采用宏观分级的方法，即把粉尘按一定的粒径范围划分成若干个部分来计量。

测定粉尘粒径分布时，要根据测定目的来选择方法。粉尘粒径分布的测定方法很多，质量粒径分布多采用沉降法，数量粒径分布多采用显微镜观察法。

三、防尘专业基础知识

防尘工是矿井采掘区域、通风井巷粉尘治理的现场操作负责人。防尘工需要积极学习业务知识，熟识操作各种测量仪器，做到准确测定各种参数；必须经过培训、考试合格后持证上岗，爱岗敬业，服从领导安排，协助区队工程技术人员搞好内业资料；按期测定防尘系统的流量、粉尘浓度等参数，并做好原始记录，数据要准确，按规定如实整理填报；定期检查防尘系统、防尘设施使用情况，发现无水、喷嘴和管路堵塞要及时处理；熟悉矿井采掘动态，及时安装、移动回收防尘设施。防尘工负责防尘系统的安装、维护和防尘设施的连接、拆除，隔爆设施安装、检查、维护和管理工作，以及巷道清扫、冲洗、刷白工作，同时负责检查工作面采掘防尘设施、爆破防尘工艺、机械割煤防尘、运输防尘等工艺流程、转载点防尘使用情况，负责抓好防尘系统质量标准，合理安装防尘设施，及时解决设施隐患，保证防尘效果。

矿井防尘工作是矿井一通三防管理的窗口，只有牢固树立清洁发展的理念，扎实开展好"无尘化矿井"建设，方可提高矿井安全和职业卫生水平，进一步提升矿井安全保障能力。

四、注水专业基础知识

煤层注水是通过钻孔，将压力水和水溶液注入煤体，增加水分，改变煤的物理力学性质，可以减少煤尘的产生，还可以减少冲击地压、煤与煤层气突出和自然发火。煤层注水是在回采前预先在煤层打若干钻孔，通过钻孔注入压力水，使其渗入煤体内部，破坏煤体内原有的煤-瓦斯两相体系的平衡，形成煤-瓦斯-

水三相体系，体系内各个介质相互作用，使煤的物理化学性质、力学性质及热力学性质发生变化。煤层注水按钻孔深度分深孔注水和浅孔注水。深孔注水是在回采工作面前方进风巷或回风巷沿煤层倾斜平行于工作面打孔，孔深一般为工作面斜长的 2/3，孔径 75~100 mm。用水泥浆或橡胶封孔器封孔后，即可开始注水。与浅孔注水相比，深孔注水成本较高，打钻较困难，只适用于中厚与厚煤层。深孔注水优点是预湿范围大，能充分湿润，而且不影响采煤工作。但在有些矿区，由于煤层没有受到破坏，注水较困难，注水量小。

煤层注水是回采工作面最有效的防尘措施。水的除尘机理包括以下 3 个方面：

(1) 湿润煤体内的原生煤尘，使其失去飞扬的能力。

(2) 有效地包裹煤体的每个细小部分，当煤体在开采中破碎时，避免细粒煤尘的飞扬。

(3) 水的湿润作用使煤体塑性增强，脆性减弱。当煤体受外力作用时，许多脆性破碎变为塑性形变，因而大量减少了煤体被破碎为尘粒的可能性，降低了煤尘的产生量。

研究和试验考察表明，注水湿润煤体，可使煤的力学性质发生明显变化，煤的弹性和强度减小，塑性增大，从而使巷道前方的压力分布发生变化，即高压力向煤体深部转移，压力集中系数减小。煤体湿润后，其透气性也将大幅度地降低，水对瓦斯的运动起到明显的阻碍效应，煤中瓦斯涌出量和涌出速度都在大幅度下降。上述的各种变化，都表明注水湿润煤体，可以消除或降低煤层的突出危险，减小工作面回风流中的瓦斯浓度。煤层注水对治理瓦斯的作用，不仅表现在预防煤与瓦斯突出，而且也表现在减小工作面生产时回风流中瓦斯浓度，其原因有 3 个：

(1) 湿润煤体中的水分对瓦斯的运动起阻碍作用，使一部分瓦斯在煤体破坏后不涌入采掘空间而是随煤体被运出工作面。

(2)打孔破坏了煤体内原有的煤-瓦斯体系的平衡,注水前后则形成了新的煤-瓦斯-水三相体系,体系的这些变化都会导致瓦斯涌出。

(3)防治冲击地压。煤层注水的卸压原理是在高压水流的冲击作用下,使高压水冲击入煤体的层理、节理中,使煤体逐渐龟裂,产生较大裂隙,破坏煤体的整体性,使煤体脆性减弱,塑性增强,从而改变了煤体的物理力学性质,使煤体失去了冲击倾向性。煤体内部注入大量水之后,煤体在水的浸泡作用下,促使煤体塑性变形区增加,实现高应力区向未注水软化的煤体侧转移,降低了煤体的应力集中程度,从而起到较好的防冲效果。分层法开采厚或特厚易燃煤层时,在放顶后,向采空区注水,或在放顶前用水遍洒放顶步距条带,能起到防火作用。因为注水后煤体的导热系数和热容量增大,使煤体的温度不易升高。如果顶板为泥质岩石,则此法效果更佳,注水(或洒水)后,冒落的矸石湿润,膨胀成再生顶板,覆盖浮煤,减少漏风,从而抑制了采空区的浮煤氧化。温度较低的冷水注入煤体后,由于水有较大的比热容和汽化潜热,对高温工作面的降温也是有利的。

五、裱糊专业基础知识

裱糊工种主要负责进行井下通风设施的构筑及拆除工作,负责对井下通风设施的管理和维护工作。裱糊工必须严格按照通风设施安全生产标准化进行施工。裱糊工主要负责通风设施施工工具、材料的领取和保管工作,井下通风设施的维护,例如风门、风桥、密闭等,防止出现漏风等情况。

六、防灭火专业基础知识

1. 灭火原理

灭火的实质是破坏燃烧 3 个条件同时存在的过程,灭火原理主要有以下几个方面:

(1) 冷却，把燃烧物质的温度降低到燃点以下；

(2) 隔离和窒熄，使燃烧反应体系与环境隔离，抑制参加反应的物质；

(3) 稀释，降低参加反应物（液、气体）的浓度；

(4) 中断链反应，现代燃烧理论认为，燃烧是由于可燃物分解成游离状态的自由基与氧原子相结合，发生链反应后方可形成的，因此，阻止链反应发生或不使自由基与氧原子结合，就可以抑制燃烧，达到灭火目的。

在实际灭火中，灭火是以上几种原理的综合应用。

2. 常用的灭火方法

煤矿灭火就其方法而言，可分为直接灭火、隔离灭火和综合灭火三大类。

1) 清除可燃物

挖除可燃物就是将已经发热或者燃烧的煤炭以及其他可燃物挖出、清除、运出井外。这是扑灭矿井火灾最彻底的方法，但是采用这种方法的条件是：火灾处于初起阶段，涉及范围不大；火区无甲烷超限聚积、无煤尘爆炸危险；火源位于人员可直接到达的地点。

清除火源前要做好充分的准备工作，首先备好工具及运输车辆，备足水量和充填材料、支护材料，确定好运煤路线与回风路线，彻底查清瓦斯聚积与煤尘的积存情况。在清除工作进行中，要配合洒水以降温灭火，要随时检查煤温、气温情况，随时检测甲烷浓度，以防火源与超限聚积的甲烷相遇，挖出的热煤及其燃烧物要及时运往地面。遗留的空间要用不燃性材料如河沙、矸石、黄土等予以充填。挖除的范围要超越煤炭发热区 $1\sim2$ m 之外，进入煤体温度不超过 $40\ ℃$ 的地方。清除煤炭需要爆破时，应对炮眼采取注水降温措施，炮眼温度不得超过 $45\ ℃$。

清除可燃物灭火方法具有一定的危险性，工作中要组织好力量，制订严格的安全措施，力求在最短的时间内一气呵成，不可干干停停。特别是在新投产的矿井或采区，如果在煤柱、煤壁内发生的第一次火灾，为了根绝后患，应将这种方法作为灭火方法的首选。

2）用水灭火

水是最有效、最经济，来源最广泛的灭火材料。水的灭火作用主要表现在以下方面：

（1）热容量大，1 L水转化成水蒸气时，能吸收2256.7 kJ的热量，所以用水灭火吸热能力强，冷却作用大；

（2）1 L水全部汽化时可生成1.7 m^3 水蒸气，大量水蒸气具有冲淡空气中的氧浓度而包围、隔离火源，对火源起窒熄作用；

（3）水枪射流具有强有力的压灭火焰的机械作用；

（4）浸透火源邻近燃烧物，能够阻止燃烧范围的扩大。

为了能及时把水送到井下发火地点，应在各主要生产巷道中铺设供水管路，消防水管供水量不小于400 L/min，水压0.15~0.98 MPa，最好保持0.6 MPa。消防水管沿程每隔一定距离安装消防三通支管与阀门。地面应有不小于200 m^3 水量的供水水源。

在井筒与主要运输巷道，尤其是带式输送机巷内安设水幕，当发生火灾时立即启动，能很快地限制火灾的蔓延与扩展。用水淹没采区或矿井的方法，只能在万不得已时使用。

用水灭火应注意的问题：

（1）要有足够的水量，水量不足不仅难以灭火，而且有可能贻误战机，造成火势发展；

（2）用水灭火时人要站在上风侧工作，水流由火源的边缘逐渐地推向中心，以免产生过量的水蒸气伤人；

（3）必须保持一个畅通的排烟通道，以防高温的水蒸气和烟流返回伤人；

（4）不能用水扑灭带电的电器设备火灾；不宜扑灭油料火灾。

3）灌浆灭火

灌浆的材料可以是黄土、粉碎的风化页岩或者矸石、电厂尘灰或者河沙、石灰等。灭火方法根据矿井与火区的具体情况不同而各有差异。如果在采深不大的矿井，火源距地面较浅时，而且地表又有黄土源，则可以从地表打钻把泥浆直接送入火区；矿井采深较大，火源距地面深，最好建立地面固定的灌浆站和通往井下的输浆管系统，在井下向火区打钻灌浆、埋管灌浆或密集短钻孔灌浆。

无论采用哪种灌浆灭火方法都要注意一点，对采空区内的火源要实现自上而下的浇灌，俗称"劈头浇"。因为只有这样方可最大限度地发挥灌浆效果：降温、覆盖使火源熄灭。实现"劈头浇"的条件，一是摸清火源的确切位置，二是钻孔终点位置一定要落在火源的上方。

火源发生在煤壁裂隙内，采取打钻（孔深 3~10 m）压注泥浆、石灰乳、阻化剂灭火降温方法也是可行的。

4）泡沫灭火

灭火泡沫有两大类：空气机械泡沫与化学泡沫。前者是第二次世界大战后从军工系统引进的一项灭火新技术，后者是广泛应用于地面灭火的得力手段。空气机械泡沫就是用机械的方法（风机）将空气鼓入含有泡沫的水溶液而产生的泡沫。泡沫发生的倍数在 500~1000 之间，由于它比化学反应产生的泡沫倍数（10~20）高得多，故又称高倍数空气机械泡沫。高倍数泡沫灭火装置如图 2-1 所示。

高倍泡沫灭火的作用实质上是增大了用水灭火的有效性，大量的泡沫送往火源地点起着覆盖燃烧物、隔绝空气的作用。与火源接触泡沫破裂，水分蒸发吸热，产生大量水蒸气，具有降温、稀释氧浓度、抑制燃烧、熄灭火源的作用。另外，大量泡沫包围火源阻止热的传导，减弱了因对流与辐射引起的火势扩展与蔓延。

泡沫灭火在我国煤矿里已经多次成功应用。优点是灭火速度

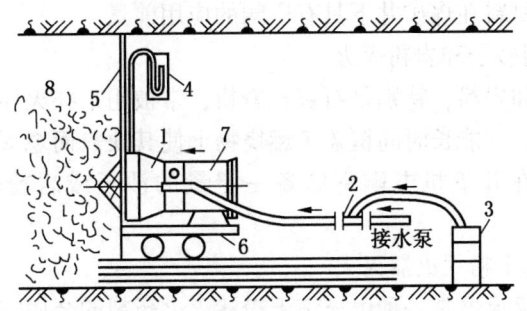

1—泡沫发射器；2—喷射泵；3—泡沫剂；4—水柱计
5—密闭墙；6—平板车；7—风机；8—泡沫

图 2-1 高倍数泡沫灭火装置

快，效果好，恢复生产容易。但是运用泡沫灭火也有失败的教训，关键是使用的条件不当。如火源已经燃烧到煤壁的深部用泡沫灭火就很难奏效。

化学泡沫灭火器一般分为泡沫式和酸碱式两类，无论哪一类都是利用物质间的化学变化产生泡沫，喷洒在着火物的表面上而灭火的。泡沫式灭火器的药剂是碳酸氢钠（$NaHCO_3$），发泡剂为硫酸铝[$Al_2(SO_4)_3$]，酸碱灭火器所用的化学物质是碳酸氢钠（$NaHCO_3$）与硫酸（H_2SO_4）。

5）胶体材料灭火

由于胶体材料在形成过程中吸收大量热量，同时具有隔绝氧气的作用，因此胶体除用于防火外，也广泛地应用于灭火。在现场使用中取得了较好的灭火效果，胶体材料灭火现已成为煤矿治理自然发火的主要手段之一。但一些胶体材料在使用过程中，产生一些有毒有害物质，如氨气、腐蚀性酸类等，侵害矿工的身体健康，而无毒无害的胶体材料大多价格较贵而不利于大量使用，另外，胶体材料还存在高温失水而失效的问题。近年来，随着防灭火材料科学的发展，人们也在积极改进胶体的配方，出现了多种新材料，而且高分子聚合材料强吸水剂也开始在煤矿井下应用，胶体材料在煤矿井下具有广阔的应用前景。

6) 用砂子和岩粉灭火

砂子和岩粉，特别是石灰石岩粉，常被用来扑灭油料和电气设备火灾，它能长时间覆盖于燃烧物上使其缺氧而熄灭，同时不易复燃。在井下机电硐室储备一定量的沙子或岩粉是完全必要的。

7) 用干粉灭火器灭火

干粉灭火器是一种由充满干粉状灭火药剂的金属容器，以及能把粉状物质喷出来的设备组成的灭火工具。它的作用在于干粉灭火剂覆盖在燃烧物上，受热后发生一系列的化学反应，反应过程中吸收大量的热并放出水分，水分蒸发再吸热，使燃烧物温度下降，并产生浆状的物质，附着在燃烧物表面形成隔离层，从而隔离空气阻断燃烧。干粉灭火器由于容量的限制只能用于扑灭范围较小的初起火灾，但是它具有轻便、操作简单、灭火效能高等特点。

干粉灭火器主要药剂为磷酸铵类：$(NH_4)_3PO_4$、$(NH_4)_2HPO_3$、$(NH_4)H_2PO_4$化合物。它可用于扑灭多种火灾，也可用于扑灭电气和油类火灾。

8) 惰性气体灭火

惰性气体灭火有两种形式，一种形式是地面建立液氮汽化系统，将大型液氮槽车运来的液氮汽化后，借助于汽化压力或压缩泵通过水沙充填管路或专用管路送往井下火区；另一种形式是将液氮用小型槽车运往井下，直接喷入火区灭火。

氮气灭火是使用地面固定式或井下移动式制氮机通过管路把氮气输送到火区，使火区空气中氧浓度迅速下降，使火势得到抑制，同时爆炸性气体能够更快地在更短的时间内达到失爆界限。

在现场的实际灭火使用中，氮气作为一种辅助的灭火手段，取得了良好的效果。

七、风筒移接专业基础知识

风筒移接作业主要负责煤矿井下通风用风筒的维护、管理，及时将不能用或者损坏的风筒回收，修补破损的风筒，保证井下风流按预定路线和流量流动，保证井下各作业地点用风。

第二节 岗位责任制

一、测风岗位责任制

（1）在通风区长和通风技术人员的领导下，做好矿井测风工作，定期测定矿井风量、风压、漏风量，协助通风技术人员做好通风技术管理工作。

（2）按规定进行测风，填写测风日志，掌握矿井通风系统、通风设施、风量、温度和甲烷变化情况，对有效测点的合理性和有效风量的真实性负责。

（3）负责矿井瓦斯等级鉴定资料收集工作。按规定进行风量测定、分析工作，并及时掌握其变化情况，保证矿井有效风量达到规定要求。

（4）负责风量、通风系统调整等工作，对受影响地区进行全面检查，配合区领导做好通风设施的标准化检查验收。

（5）协助技术员绘制、修改和报送通风系统图及有关图纸。管理好有关图纸、牌板，按要求做好技术资料的观测、收集、整理和分析工作。

（6）必须熟悉矿井通风系统，遵守《煤矿安全规程》，对各种报表、图纸、数据要准确填写，及时审批，按要求日期进行上报。

（7）贯通地区下达通知后，在贯通前要绘出贯通系统图，并绘制出调改风后设施建筑的位置，合理调整风量，保证生产安全。

（8）十天进行一次矿井全面测风，对主扇和局部通风机的出风量，按规定要求时间进行测风，对主要巷道的风量每十天进行一次测风，并填写测风记录。

（9）按规定和要求做好反风演习工作，切实做好一年一度的瓦斯鉴定工作。

二、测尘岗位责任制

（1）严格执行《煤矿安全规程》规定，及时汇报工作情况。

（2）负责井下各井巷、采掘工作面、硐室和其他有人的工作场所产尘点空气中的粉尘浓度、粉尘分散度、游离二氧化硅含量及落尘的测定、采样、分析化验工作，并认真做好原始记录。

（3）负责编制测尘报表，分析整理测尘资料和管理防尘图牌板。

（4）熟悉现用测尘仪表的原理、构造和维护方法操作，能正确使用。

（5）熟悉矿井防尘系统，发现不符合《煤矿安全规程》规定、设施标准和实际需要的问题，及时提出改进意见，向主管领导汇报，以确保粉尘防治工作有效、正常运行。

（6）掌握《煤矿安全规程》对粉尘浓度的规定和井下各处防尘设施的使用和管理状况、降尘效果，发现问题，及时提出改进意见。

（7）及时完成各级领导交办的其他工作。

三、防尘岗位责任制

（1）测尘员必须严格按照粉尘测定的有关要求，进行粉尘测定工作。

（2）粉尘测定的数据必须准确，真实反映采掘工作面现场的实际粉尘浓度，发现粉尘浓度超过规定时，必须向矿总工程师进行汇报，采取措施进行处理。

（3）每月25日至30日制定下月测尘计划，对各产尘点每月至少测定2次，呼吸性粉尘每月测定1次，填写测尘记录台账。测尘员负责每半年粉尘分散度和游离SiO_2的取样送检工作，及时将化验结果上报。

（4）负责对采掘工作面的综合防尘设施进行监督检查工作。

（5）对井下产尘浓度严重超标地点要及时向有关领导汇报。

（6）每月5日前将上月所有测尘结果报区、矿领导以及集团公司通风部。

四、注水岗位责任制

（1）煤体注水工必须按计划完成采煤工作面的注水量。

（2）煤体注水工要认真掌握注水设备的性能及正确的操作方法。

（3）煤体注水工应掌握所要注水工作面的煤层厚度、倾角、顶底板、瓦斯等情况。

（4）如果采用静压注水，煤体注水工应掌握注水压力及其变化情况。

五、裱糊岗位责任制

（1）按要求准备齐全施工工具以及有关支护材料。

（2）检查支护材料是否符合作业规程规定，检查水泥、黄砂、碎石是否符合规定。检查模板、碹胎的规格、质量是否符合作业规程规定，不符合规定的严禁使用。若砌钢筋混凝土碹时，还应检查钢筋排列数量、直径、规格等是否符合设计要求。

（3）检查施工所需的风、水、电情况。

（4）掩护好风筒、风、水、电等管、线设施，机电设备要安设到安全地点。

(5) 施工前应先检查施工段支架和顶帮的安全情况,发现隐患必须及时处理。

(6) 严格按照规定要求进行施工。

(7) 工作结束后必须将施工中所剩余的材料、工具存放在指定地点,并分类分层堆码整齐。

(8) 进行质量验收,对不合格的地方必须进行处理。

(9) 清理好现场,做好施工区域内的文明生产。

六、防灭火岗位责任制

(1) 负责防灭火管路及附属设施检查、维护及处理。

(2) 负责有自然发火危险区域的定期检查及处理。

(3) 负责采集气样,定期观测火区参数,按时填写火区管理卡。

(4) 负责认真贯彻落实有关防灭火管理措施。

七、风筒移接岗位责任制

(1) 认真执行区矿各项管理制度,做到个人不三违,身边无三违,保证安全生产。

(2) 负责井下局部通风机和风筒的拆、移、接工作,并保质保量完成各项任务。

(3) 风筒的安装、使用必须符合"通风安全生产标准化"有关要求,并实行编号管理,专人负责制度。

(4) 严格按照规定进行风筒管理,保证分管范围内局部通风安全生产标准化达标,认真做好风机和风筒的移交工作。

(5) 升井的设备必须及时移交、清点入库,防止丢失损坏。

(6) 服从领导,遵章守纪,不违章作业,积极参加区矿各项活动。

第三节 风险预控

一、风险预控基础知识

（一）风险的概念

风险是指事故发生的可能性与事故后果严重性的组合。在煤矿作业中，同样存在着各种各样的风险。例如入井人员乘罐笼过程中，存在着提升钢丝绳断裂并且同时防坠器失效、罐笼坠入井底的风险；立井提升过程中，存在过卷、松绳、断绳等各类风险；斜井串车提升过程中，存在矿车掉道、矿车撞人和跑车的风险；井下水平巷道机车运输过程中，存在触电、掉道、撞人或撞坏支护设施的风险。

在一定的条件下，对现场岗位中的风险进行预先辨识、风险评估，继而采取有效措施，消除、减少、控制风险，使风险降到人们可接受程度的一系列活动，称为风险预控管理。

风险预控管理的基本原理是运用风险管理的技术，通过探求风险发生、变化的规律，认识、估计和分析风险对生产安全所造成的危害，运用计划、组织、指导、管制等一系列手段，实现"一切意外均可避免""一切风险皆可控制"的风险管理目标。

（二）风险控制方法

煤矿风险预控管理体系的基本内涵，是指在煤矿整个生产过程中，对煤矿各个生产系统、生产环节中的各种危险源进行预先辨识，对各种风险进行评价分析，继而采取有效措施，消除、减少和控制风险，并在一定经济、技术条件下，通过"人""机""环""管"（即人员、机电设备、环境、管理）的最佳匹配，防止风险转化为事故，实现本质安全，做到安全生产。现场作业人员应坚持做到本质安全型员工。

煤矿作业现场风险预控可以从以下几个方面进行控制：

(1) 提高安全意识和安全素质。员工按规定参加安全培训。贯彻落实"以人为本"的指导思想，通过安全培训，提高煤矿从业人员的安全意识和技术水平，变"要我安全"为"我要安全"等。

(2) 落实各项规章制度。主要以各种制度规范煤矿从业人员的行为，如操作人员的手指口述、现场班组长验收签字、安全检查工检查等。

(3) 落实操作程序。在现有安全技术操作规程的基础上，对每一个工种作业中的每一道工序，都制定出详细的操作程序，不论任何人，在同一岗位上完成某一工序时，都按照规定的操作程序执行，这就避免了违章操作和误操作的发生，在很大程度上减小了风险发生的可能性。

(4) 执行操作标准。以《煤矿安全规程》、安全技术操作规程为依据，对每一项工作都制定出操作标准，提高操作水平，降低事故发生的概率。

二、测风岗位风险及控制

1. 岗位风险

(1) 作业场所附近地点爆破。

(2) 作业场所附近顶板破碎或支护质量差。

(3) 来往车辆撞伤。

(4) 触电危险。

2. 控制措施

(1) 测风时，禁止在测风地点附近 100 m 范围内爆破。

(2) 在巷道中测风时，禁止站立不牢或行走不稳。

(3) 禁止在顶板有裂隙、伪顶、浮石或支护强度不够情况下工作。

(4) 禁止在机运巷道工作时，不设安全警戒。

(5) 在有电机四架空线的巷道中测风时，禁止风表与架空线的距离不够而引发触电。

三、测尘岗位风险及控制

1. 岗位风险

(1) 选择测尘点时未检查两帮、顶板支护情况,导致顶板掉落矸石、物料砸伤测尘人员。

(2) 未进行个体防护及个体安全保护,造成对测尘人员的身体伤害。

(3) 未校验采样器,造成数据测量不准确,现场隐患不能及时发现。

(4) 未按规定称重、分析,化验出的数据不准确,造成现场煤尘积聚,引发煤尘事故。

(5) 未测定数据,编造数据,导致无法判断产尘点的粉尘浓度,煤尘积聚飞扬。

(6) 测尘前未检查 CO、CH_4 和 O_2 等气体浓度,在气体浓度达不到规定时,会造成人员中毒或窒息事故。

(7) 对于人迹稀少地点的测尘工作,如一人作业存有矿灯熄灭、风门压力大难以打开等危险因素,会造成人员迷失、被困等事故。

2. 控制措施

(1) 按规定佩戴劳动防护用品。

(2) 测尘位置准确,数据记录真实。

(3) 作业前严格进行敲帮问顶,确保顶底板和支架安全。

(4) 必须戴防尘口罩,掌握防尘岗位风险及控制。

(5) 测尘仪器按规定校验,确保仪器精度准确。

(6) 作业前检查作业地点的瓦斯、煤尘、一氧化碳等有害气体浓度,符合规定方工作。

(7) 避免在倾倒或掉落的设备处走动、停留。

(8) 严禁在顶板不完好处作业或停留。

(9) 保护自身安全，杜绝意外伤害。

四、防尘岗位风险及控制

1. 岗位风险

(1) 粉尘冲刷不及时、不彻底，导致粉尘堆积，造成煤尘事故。

(2) 未对作业现场顶板、巷帮支护情况仔细检查就开始工作，导致顶板掉落或片帮砸伤人员。

(3) 未按规定佩戴个体防护用品，危害个体健康。

(4) 未按规定操作，造成胶管脱节、舞动伤人。

(5) 在运输巷道内作业时，未停止运输设备运行，造成运输设备伤人事故。

(6) 冲刷过程中对准人体，造成人身伤害事故。

(7) 冲刷时，未对机电设备进行保护，造成机电事故。

(8) 采掘工作面风量偏低，致使粉尘浓度增加。

(9) 防尘水幕、设施等安设数量不足不全，造成粉尘浓度增加。

(10) 水质过滤器不起作用，造成防尘水质不符合规定。

(11) 没有按时安设隔爆设施，致使不符合规程要求。

(12) 没有按时安设防尘管理，致使防尘系统不完善。

2. 控制措施

(1) 洗尘设备捆绑牢靠，按章运输，搬运时加强自保、互保。

(2) 及时冲洗煤尘，保证防尘设施完好。

(3) 大巷冲洗时严格执行防尘规定。

(4) 登高作业采取可靠措施，执行手指口述。

(5) 关闭阀门卸压，拆卸高压管小心作业。

(6) 特殊地点至少两人作业并采取安全措施。

(7) 防尘水压要足够。

五、注水岗位风险及控制

1. 岗位风险
(1) 作业地点附近有爆破作业。
(2) 作业前未观察作业场所顶板情况。
(3) 顶板掉砟,煤壁片帮。
2. 控制措施
(1) 禁止带病、酒后、极度疲劳状态下井作业。
(2) 注水时,禁止注水地点附近 100 m 范围内爆破。
(3) 作业前坚持敲帮问顶制度,做好现场交接班工作。

六、裱糊岗位风险及预控

1. 岗位风险
(1) 跑罐撞人事故。
(2) 斧头伤人。
(3) 片帮掉砟伤人。
(4) 车辆运输伤人。
(5) 物料坠落伤人。
(6) 锤头脱落伤人。
(7) 物料钉子刺伤。
2. 控制措施
(1) 严格执行"开车不行人,行人不开车"规定。
(2) 利用手指口述安全确认。
(3) 用长把工具审帮问顶,对现场情况安全确认。
(4) 工作地点禁止车罐运行。
(5) 脚手架支设必须牢固可靠,防止倒塌,下方禁止有人。
(6) 工具合格,手指口述。
(7) 物料码放整齐,不随地乱放。

七、防灭火岗位风险及控制

1. 岗位风险

(1) 操作是否正规。

(2) 高压容器压力是否符合要求。

(3) 电气设备是否漏电。

(4) 高压管路连接是否严密。

2. 控制措施

(1) 按规程规定操作设备。

(2) 作业前检查作业环境,确保电气设备完好。

(3) 保养设备,不带"病"运转。

八、风筒移接岗位风险及控制

1. 岗位风险

(1) 进入尾巷回收风筒时有毒有害气体超限中毒。

(2) 登高作业抛掷工具材料时被砸伤。

(3) 皮带溜子运动时吊挂风筒时被拉伤。

(4) 吊挂风筒时接头脱落被砸伤。

(5) 破口多、脱节容易发生瓦斯超限中毒。

(6) 人工运送风筒时被矿车等设备碰、划伤。

2. 控制措施

(1) 严格遵守尾巷管理规定,不许单独作业。

(2) 登高踩稳,设专人监护,用绳索或手接手传递工具材料。

(3) 作业时采取防护措施,先挂后接。

(4) 作业时站在安全位置并采取防护措施。

(5) 日常检查维护到位。

(6) 运送过程中避开运行的设备。

第四节 隐患排查与治理

一、隐患排查基础知识

(一) 隐患的概念

隐患,是指在生产活动中存在的可能导致不安全事件或事故发生的问题,包括物的不安全状态、人的不安全行为和管理上的缺陷。从性质上分为一般安全隐患和重大安全隐患。

在煤矿作业现场,事故隐患如未能得到及时消除,往往会导致事故发生,现场作业人员必须予以高度重视。

(二) 隐患的分类

1. 按隐患危害程度分类

一般隐患:危险性不大,事故影响或损失较小的隐患。

重大隐患:危险性大,可能造成较大事故,造成人身伤亡或财产损失的隐患。是指在煤矿企业建设和生产过程中存在的可能导致重大人身伤亡或者重大经济损失的危险性因素。

2. 按表现形式分类

人的隐患(认识隐患、行为隐患)、物的隐患、环境隐患和管理隐患。

3. 按煤矿安全生产的专业分类

分为一通三防、顶板(采掘)、机电运输、地测防治水、安全管理、爆破和其他隐患。

(三) 隐患排查管理制度

煤矿企业应当建立和完善以下各项事故隐患管理制度:

(1) 事故隐患定期排查治理制度。制订并落实具体的排查时间、方法、人员、措施及事故隐患的种类、等级等。

(2) 事故隐患排查治理责任制度。明确事故隐患排查治理工作的组织领导,整改资金的落实,治理效果的检查;明确具体的事故隐患排查治理工作要求；明确具体的事故隐患排查治理的管理程序；明确具体的事故隐患排查治理人员。

（3）事故隐患分级管理制度。制订并明确事故隐患的分级范围、治理措施、治理要求及责任。

（4）事故隐患的报告制度。煤矿企业应当将难以排除的事故隐患按照隶属关系和管理权限向煤炭管理部门报告，并报煤矿安全监察机构备案，不得不报、谎报或者拖延不报。

（四）常见事故隐患的治理措施

作业现场的隐患排查治理是围绕消除人的不安全行为、物的不安全状态和环境的不安全因素展开的，针对作业时常见事故隐患，要采取以下措施：

（1）规范操作人员的安全行为，结合班组的具体情况和操作实际，以及国家的法律法规、相关规定和标准，制订规章制度和操作规程。

（2）正确穿戴和使用劳动防护用具、用品。严格执行《煤矿安全规程》、安全技术操作规程、作业规程的相关规定。

（3）加强对作业场所的安全检查，及早发现问题，及时妥善地整改问题。

（4）加强生产设备管理，尤其是设备的防爆管理，按规定做好设备和安全设施、防护装置的维护保养，使之始终保持良好的完好状态。

（5）保证各种保护和监测系统灵敏、可靠，井下设备、电缆完好。

（6）设备布置、物料堆放要尽可能的科学合理，保持通道畅通。

（7）及时清扫垃圾、废料，整理现场的原材料、产品和工具。

二、测风岗位隐患排查与治理

1. 存在隐患

(1) 矿井、采区、采掘工作面风量不够。

(2) 井巷风速达不到规定。

(3) 无煤柱开采无专门的防漏风及防灭火措施。

(4) 碰触架空线造成事故。

(5) 未按规定及时调整风量的。

(6) 携带仪器仪表工具不合格、不齐全。

(7) 测风地点选择不正确，不按规定时间测风和操作，造成测风数据有误。

(8) 在有车辆运行的巷道内测风，不注意车辆，造成事故。

(9) 站在皮带上测风造成作业人员摔倒。

(10) 未做记录或弄虚作假。

(11) 发现通风系统有问题不及时汇报。

2. 治理措施

(1) 及时进行通风系统调整，确保矿井采掘工作面风量符合规定。

(2) 测风工必须经过安全培训，持证上岗。

(3) 执行手指口述作业流程，认真记录，不得填写虚假记录。

(4) 按规定时间测风和操作。

(5) 在有车辆运行的巷道内测风时，注意往来车辆，避免撞伤挤伤。

(6) 发现通风系统有问题及时汇报并处理。

三、测尘岗位隐患排查与治理

1. 存在隐患

(1) 未按规定设置防尘、消防管路系统，煤尘堆积（连续长度超过 5 m，煤尘厚度超过 2 mm）；煤尘飞扬严重。

（2）采煤工作面注水后全水分达不到规定要求。
（3）采掘工作面防尘设施不齐全。
（4）未及时冲洗造成煤尘积聚。
（5）防尘设施、设备不齐全或未正常使用。
（6）防尘设施损坏未及时维修。
（7）转载点处的积尘未清理干净。
（8）综采机组防尘水压不符合规定。
（9）除尘未覆盖全部积尘区域。
2. 治理措施
（1）严格执行岗位责任制，及时清理积尘。
（2）测尘人员经过安全培训，持证上岗。
（3）测尘人员对所用仪器仪表按时保养。
（4）及时冲洗避免造成煤尘积聚。
（5）按规定设置防尘、消防管路系统，禁止煤尘飞扬严重。

四、防尘岗位隐患排查与治理

1. 存在隐患
（1）未按规定设置防尘、消防管路系统。
（2）采煤工作面注水后水分达不到规定要求。
（3）采掘工作面防尘设施不齐全。
（4）未及时冲洗造成煤尘积聚。
（5）防尘设施、设备不齐全或未正常使用。
（6）防尘设施损坏未及时维修。
（7）转载点处的积尘未清理干净。
（8）采煤机、掘进机组防尘水压不符合规定。
（9）采煤机、掘进机组内外喷雾喷嘴不出水。
（10）除尘未覆盖全部积尘区域。
2. 治理措施
（1）防尘作业人员经过安全培训，持证上岗。

(2) 按规定设置防尘，杜绝煤尘堆积。
(3) 经常检查防尘设施，确保完好。
(4) 采煤工作面注水后水分达到规定要求。
(5) 采煤机、掘进机防尘水压符合规定。
(6) 除尘应覆盖全部积尘区域。

五、注水岗位隐患排查与治理

1. 存在隐患
(1) 采煤工作面回采前未进行煤层注水（经集团公司批准除外）。
(2) 注水量未达到设计要求。
(3) 注水后水分含量未达到规定要求。
(4) 煤层注水未使用流量计、压力表。

2. 治理措施
(1) 注水人员经过安全培训，持证上岗。
(2) 经常检查注水设备，保证注水量达标。
(3) 钻孔注水按规定执行。
(4) 封孔严密。

六、裱糊岗位隐患排查与治理

1. 存在的隐患
(1) 使用不合格的构筑材料。
(2) 用不可靠的通风设施控制风流。
(3) 盲巷未封闭。
(4) 采煤工作面回采结束后超期封闭。
(5) 收工的工作面、废弃的巷道、老硐、盲巷等未按规定及时封闭的。
(6) 风门损坏未及时汇报的。
(7) 未按规定进行通风设施巡检维护的。

(8) 脚手架不牢固仍然登高作业的。
(9) 人员配合不当造成伤害的。
(10) 通防设施规格和质量不符合规定。
(11) 设施位置选择或间距不符合规定。
(12) 未填写通风设施管路牌及相关记录。

2. 治理措施

(1) 岗位人员经过安全培训，持证上岗。
(2) 所用建筑材料及脚手架必须符合规定。
(3) 通风区瓦斯检查人员按时检查甲烷等有害气体浓度，发现问题及时汇报处理。
(4) 执行手指口述，执行交接班制度。
(5) 认真填写检查维修记录。
(6) 及时封闭盲巷。
(7) 通风设施和质量应符合标准。

七、防灭火岗位隐患排查与治理

1. 注浆作业存在的隐患

(1) 浆水比例不符合规定。
(2) 未检查密闭区域的气体情况。
(3) 注浆设备不完好。
(4) 发现跑浆未及时堵塞。

2. 注浆作业隐患的治理措施

(1) 保持设备完好，经常检查设备运行状态。
(2) 严格执行岗位责任制，杜绝非工作人员进出。
(3) 按规定作好记录。
(4) 发现跑浆及时堵塞。

3. 注氮作业存在的隐患

(1) 排气阀门未打开，直接注氮。
(2) 接班时未检查机器运转记录。

(3) 未检查空压机的进、出风气阀和放气门。
(4) 未按规定时间观测运行参数和作相关记录。
(5) 无关人员随便进出工作站。
(6) 机器停机后未检查机器完好状态。

4. 注氮作业隐患的治理措施

(1) 保持设备完好，经常检查设备运行状态。
(2) 严格执行岗位责任制，杜绝非工作人员进出。
(3) 按规定作好记录。
(4) 打开排气阀以后才可以注氮。

八、风筒移接岗位隐患排查与治理

1. 存在隐患

(1) 局部通风未使用抗静电、阻燃风筒。
(2) 处理或更换风筒后未检查瓦斯直接恢复供风。
(3) 更换风筒时停风未撤人。
(4) 未按规定使用过渡节。
(5) 风筒花接。
(6) 风筒出风口距迎头的距离超过规定。
(7) 操作不当损坏风筒。
(8) 爆破作业或耙装掐断风筒。
(9) 更换风筒未制定措施，直接更换。
(10) 未按规定选用风筒型号。

2. 治理措施

(1) 作业人员经过安全培训，持证上岗。
(2) 按规定使用阻燃风筒，型号合格。
(3) 移接风筒遵照操作规程。
(4) 作业环境按规定检查瓦斯等有害气体浓度。
(5) 更换风筒时及时撤人，附近有爆破作业禁止接风筒。
(6) 风筒无花接，变径风筒要有过渡节。

第五节 煤矿安全生产标准化与《煤矿安全规程》的相关规定

一、煤矿安全生产标准化基础知识

1. 安全生产标准化概念

安全生产标准化,是指通过建立安全生产责任制,制定安全管理制度和操作规程,排查治理隐患和监控重大危险源,建立预防机制,规范生产行为,使各生产环节符合有关安全生产法律法规和标准规范的要求,人(人员)、机(机械)、物(物料)、法(方法)、环(环境)处于良好的生产状态,并持续改进,不断加强企业安全生产规范化建设。

为贯彻执行《安全生产法》关于"企业必须推进安全生产标准化建设"的规定,国家煤矿安全监察局组织制定了《煤矿安全生产标准化考核定级办法》和《煤矿安全生产标准化基本要求及评分方法(试行)》,要求煤矿企业按照新标准办法开展达标创建,进一步深入推进煤矿安全生产标准化建设深入开展。

2. 煤矿安全生产标准化考核相关内容

《煤矿安全生产标准化基本要求及评分方法》涉及矿井的风险分级预控、隐患排查治理、采煤、掘进、通风、机电、运输、地质灾害防治与测量及调度、地面设施、应急救援、职业卫生等相关环节和相关岗位的安全质量工作。

《煤矿安全生产标准化考核定级办法》中规定,煤矿安全生产标准化考核等级分为一级、二级、三级3个等次,有效期3年。

煤矿安全生产标准化考核定级按照企业自评申报,由煤矿安全生产标准化考核定级部门完成考核定级。对取得安全生产标准化等级的煤矿,主管部门每年进行抽查。

对工作中发现已不具备原有标准化水平的煤矿应降低或撤销其取得的安全生产标准化等级;对发现存在重大事故隐患的煤矿应撤销其取得的安全生产标准化等级。

对发生生产安全死亡事故的煤矿,主管部门应立即降低或撤销其取得的安全生产标准化等级。一级、二级煤矿发生一般事故时降为三级,发生较大及以上事故时撤销其等级;三级煤矿发生一般及以上事故时,撤销其等级。

煤矿应加强日常检查,每月至少组织开展 1 次全面的自查。

二、岗位安全生产标准化基本要求

(一) 测风岗位安全生产标准化

(1) 新安装的主要通风机投入使用前,进行 1 次通风机性能测定和试运转工作,投入使用后每 5 年至少进行 1 次性能测定;矿井通风阻力测定符合《煤矿安全规程》规定。

(2) 矿井每年进行 1 次通风能力核定;每 10 天至少进行 1 次井下全面测风,井下各硐室和巷道的供风量满足计算所需风量。

(3) 矿井有效风量率不低于 85%;矿井外部漏风率每年至少测定 1 次,外部漏风率在无提升设备时不得超过 5%,有提升设备时不得超过 15%。

(4) 采煤工作面进、回风巷实际断面不小于设计断面的 2/3;其他通风巷道实际断面不小于设计断面的 4/5;矿井通风系统的阻力符合规定;矿井内各地点风速符合《煤矿安全规程》规定。

(5) 矿井主要通风机安设监测系统,能够实时准确监测风机运行状态、风量、风压等参数。

(二) 测尘岗位安全生产标准化

(1) 配备职业病危害因素监测人员及煤矿防尘检测人员;监测人员经培训合格后上岗作业。

(2) 按规定配备 2 台（含）以上粉尘采样器或直读式粉尘浓度测定仪等粉尘浓度测定设备。

(3) 采煤工作面回风巷、掘进工作面回风流设置有粉尘浓度传感器，并接入安全监控系统。

(4) 粉尘监测地点布置符合规定。

(5) 粉尘监测周期符合规定，总粉尘浓度井工煤矿每月测定 2 次，露天煤矿每月测定 1 次或采用实时在线监测；粉尘分散度每 6 个月测定 1 次或采用实时在线监测；呼吸性粉尘浓度每月测定 1 次；粉尘中游离二氧化硅含量每 6 个月测定 1 次，在变更工作面时也须测定 1 次；开采深度大于 200 m 的露天煤矿，在气压较低的季节应当适当增加测定次数。

(6) 采用定点监测、个体监测方法对粉尘进行监测。

(7) 粉尘浓度不超过规定：粉尘短时间定点监测结果不超过时间加权平均容许浓度的 2 倍；粉尘定点长时间监测、个体工班监测结果不超过时间加权平均容许浓度。

矿井测尘工作记录表见表 2-3。

表 2-3 矿井测尘工作记录表

序号	测尘时间	测尘地点	粉尘浓度/(mg·m^{-3})		是否超标
			呼吸性粉尘	总粉尘	
1					
2					
3					
4					

××矿××区　　　　　　　　　　　　　　　　测尘工　×××

（三）防尘岗位安全生产标准化

(1) 按《煤矿安全规程》规定鉴定煤尘爆炸性；制定年度综合防尘、预防和隔绝煤尘爆炸措施，并组织实施。

(2) 按照 AQ 1020 规定建立防尘供水系统；防尘管路吊挂

平直，不漏水；管路三通阀门便于操作。

（3）运煤（矸）转载点设有喷雾装置，采掘工作面回风巷至少设置 2 道风流净化水幕，净化水幕和其他地点的喷雾装置符合 AQ 1020 规定。

（4）按《煤矿安全规程》要求安设隔爆设施，且每周至少检查 1 次，隔爆设施安装的地点、数量、水量或者岩粉量及安装质量符合 AQ 1020 规定。

（5）采煤机、掘进机内外喷雾装置使用正常；液压支架和放顶煤工作面的放煤口安设喷雾装置，降柱、移架或者放煤时同步喷雾，喷雾压力符合《煤矿安全规程》要求；破碎机安装有防尘罩和喷雾装置或者除尘器。

（6）采用湿式钻孔或者孔口除尘措施，爆破使用水炮泥，查现场。未湿式钻孔或爆破前后冲洗煤壁巷帮；炮掘工作面安设有移动喷雾装置，爆破时开启使用。

（7）定期冲洗巷道积尘或者撒布岩粉。主要大巷、主要进回风巷每月至少冲洗 1 次，其他巷道冲洗周期或者撒布岩粉由矿总工程师确定。巷道中无连续长 5 m、厚度超过 2 mm 的煤尘堆积。

（四）注水岗位安全生产标准化

（1）采煤工作面必须采取煤层注水措施，采用回风顺槽静压长钻孔注水，实施本煤层量化注水，通防部根据煤层含水量，在工作面形成后编制工作面煤层注水设计。

（2）有下列情况的工作面可以不进行煤层注水工作：①围岩有严重吸水膨胀性质，注水后易造成顶板垮塌或者底板变形；地质情况复杂、顶板破坏严重，注水后影响采煤安全的煤层；②注水后会影响采煤安全或者造成劳动条件恶化的薄煤层；③原有自然水分或者防灭火灌浆后水分大于 4% 的煤层；④孔隙率小于 4% 的煤层；⑤煤层松软、破碎，打钻孔时易塌孔、难成孔的煤层；⑥采用下行垮落法开采近距离煤层群或者分层开采厚煤层，上层或者上分层的采空区采取灌水防尘措施时的下一层或者下一分层。

（3）采取煤层注水的工作面由通防队在回风顺槽施工注水钻孔，按煤层透气性合理布置注水钻场及钻孔，具体孔深按照煤层注水设计要求实行。

（4）注水孔要在正常的地压段内进行，即超前回采工作面距离 30~90 m 范围注水。

（5）工作面正常回采时，必须确保三组注水钻孔同时注水，通防队每组注水钻场施工结束后安设压力水表，联网后进行日常注水管理。

（6）通防队必须建立各工作面煤层注水台账，通防部将注水工作纳入每旬的质量标准化检查。

（7）煤层注水工作坚持执行"大压力、小流量、多循环"的注水工艺，以提高煤层注水湿润程度，注水后煤层水分要达到 4% 以上标准。

（8）煤层注水水流要消除跑、冒、滴、漏现象。

（9）注水部门负责煤层注水的施工、封孔和注水工作，每小班要填写好煤层注水管理牌板（当班的注水压力、注水孔数和注水量等），并将注水情况汇报队部记入台账。每旬整理煤层注水报表，报送相关矿长、总工程师、通防副总及通防部。

（10）煤层注水过程中，通防部要定期观察分析注水量、注水压力与煤体吸水量等参数间的变化关系，进一步掌握煤体注水的润湿规律。

（五）裱糊岗位安全生产标准化

（1）及时构筑通风设施（指永久密闭、风门、风窗和风桥），设施墙（桥）体采用不燃性材料构筑，其厚度不小于 0.5 m（防突风门、风窗墙体不小于 0.8 m），严密不漏风。密闭、风门、风窗墙体周边按规定掏槽，墙体与煤岩接实，四周有不少于 0.1 m 的裙边，周边及围岩不漏风；墙面平整，无裂缝、重缝和空缝，并进行勾缝或者抹面，抹面的墙面每平方米内凹凸深度不大于 10 mm。

（2）设施 5 m 范围内支护完好，无片帮、漏顶、杂物、积水和淤泥。

（3）设施统一编号，每道设施有规格统一的施工说明及检查维护记录牌。

（4）密闭位置距全风压巷道口不大于 5 m，设有规格统一的瓦斯检查牌板和警标，距巷道口大于 2 m 的设置栅栏；密闭前无瓦斯积聚。所有导电体在密闭处断开（在用的管路采取绝缘措施处理除外）。

（5）密闭内有水时设有反水池或者反水管，采空区密闭设有观测孔、措施孔，且孔口设置阀门或者带有水封结构。

（6）每组风门不少于 2 道，其间距不小于 5 m（通车风门间距不小于 1 列车的长度），主要进、回风巷之间的联络巷设具有反向功能的风门，其数量不少于 2 道；通车风门按规定设置和管理，并有保护风门及人员的安全措施。

（7）风门能自动关闭并连锁，使 2 道风门不能同时打开；门框包边沿口，有衬垫，四周接触严密，门扇平整不漏风；风窗有可调控装置，调节可靠。

（8）风门、风窗水沟处设有反水池或者挡风帘，轨道巷通车风门设有底槛，电缆、管路孔堵严，风筒穿过风门（风窗）墙体时，在墙上安装与胶质风筒直径匹配的硬质风筒。

（9）风桥两端接口严密，四周为实帮、实底，用混凝土浇灌填实，桥面规整不漏风。

（10）风桥通风断面不小于原巷道断面的 4/5，呈流线型，坡度小于 30°；风桥上、下不安设风门、调节风窗等。

（六）防灭火岗位安全生产标准化

（1）按《煤矿安全规程》规定进行煤层的自燃倾向性鉴定，制定矿井防灭火措施，建立防灭火系统，并严格执行。

(2) 开采自燃、容易自燃煤层的采掘工作面作业规程有防止自然发火的技术措施，并严格执行。

(3) 进行电焊、气焊和喷灯焊接等作业符合《煤矿安全规程》规定，每次焊接制定安全措施，经矿长批准，并严格执行。

(4) 每处火区建有火区管理卡片，绘制火区位置关系图；启封火区有计划和安全措施，并经企业技术负责人批准。

(5) 按《煤矿安全规程》规定设置井上、下消防材料库，配足消防器材，且每季度至少检查1次。

(6) 按《煤矿安全规程》规定井下爆炸物品库、机电设备硐室、检修硐室、材料库等地点的支护和风门、风窗采用不燃性材料，并配备有灭火器材，其种类、数量、规格及存放地点，均在灾害预防和处理计划中明确规定。

(7) 矿井设有地面消防水池和井下消防管路系统，每隔100 m（在带式输送机的巷道中每隔50 m）设置支管和阀门，并正常使用。地面消防水池保持不少于200 m^3 的水量，每季度至少检查1次。

(8) 开采容易自燃和自燃煤层，确定煤层自然发火标志气体及临界值，开展自然发火预测预报工作，建立监测系统。在开采设计中明确选定自然发火观测站或者观测点，每周进行1次观测分析，发现异常，立即采取措施处理。

(9) 及时封闭与采空区连通的巷道及各类废弃钻孔；采煤工作面回采结束后45天内进行永久性封闭。

（七）风筒移接岗位安全生产标准化

(1) 风筒末端到工作面的距离和自动切换的交叉风筒接头的规格、安设标准符合作业规程规定。

(2) 用抗静电、阻燃风筒，实行编号管理。风筒接头严密，无破口，无反接头；软质风筒接头反压边，硬质风筒接头加垫、螺钉紧固。

(3) 风筒吊挂平、直、稳，软质风筒逢环必挂，硬质风筒每节至少吊挂 2 处;风筒不被摩擦、挤压。

(4) 风筒拐弯处用弯头或者骨架风筒缓慢拐弯,不拐死弯;异径风筒接头采用过渡节,无花接。

三、《煤矿安全规程》的相关规定

(一) 测风岗位相关规定

(1) 矿井每年安排采掘作业计划时必须核定矿井生产和通风能力,必须按实际供风量核定矿井产量,严禁超通风能力生产。

(2) 矿井必须建立测风制度,每 10 天至少进行 1 次全面测风。对采掘工作面和其他用风地点,应当根据实际需要随时测风,每次测风结果应当记录并写在测风地点的记录牌上。应当根据测风结果采取措施,进行风量调节。

(3) 矿井需要的风量应当按下列要求分别计算,并选取其中的最大值:①按井下同时工作的最多人数计算,每人每分钟供给风量不得少于 4 m^3。②按采掘工作面、硐室及其他地点实际需要风量的总和进行计算。各地点的实际需要风量,必须使该地点的风流中的甲烷、二氧化碳和其他有害气体的浓度,风速,温度及每人供风量符合《煤矿安全规程》的有关规定。③矿井必须有足够数量的通风安全检测仪表。仪表必须由具备相应资质的检验单位进行检验。④矿井必须有完整的独立通风系统。改变全矿井通风系统时,必须编制通风设计及安全措施,由企业技术负责人审批。

(4) 贯通巷道必须遵守下列规定:

巷道贯通前应当制定贯通专项措施。综合机械化掘进巷道在相距 50 m 前、其他巷道在相距 20 m 前,必须停止一个工作面作业,做好调整通风系统的准备工作。

停掘的工作面必须保持正常通风,设置栅栏及警标,每班必须检查风筒的完好状况和工作面及其回风流中的瓦斯浓度,瓦斯浓度超限时，必须立即处理。

掘进的工作面每次爆破前，必须派专人和瓦斯检查工共同到停掘的工作面检查工作面及其回风流中的瓦斯浓度，瓦斯浓度超限时，必须先停止在掘工作面的工作，然后处理瓦斯，只有在2个工作面及其回风流中的甲烷浓度都在1.0%以下时，掘进的工作面方可爆破。每次爆破前，2个工作面入口必须有专人警戒。

贯通巷道时，必须由专人在现场统一指挥。贯通后，必须停止采区内的一切工作，立即调整通风系统，风流稳定后，方可恢复工作。

间距小于20 m的平行巷道的联络巷贯通，必须遵守以上规定。

(二) 测尘岗位相关规定

(1) 粉尘监测应当采用定点监测、个体监测方法。

(2) 煤矿必须对生产性粉尘进行监测，并遵守下列规定：①总粉尘浓度，井工煤矿每月测定2次，露天煤矿每月测定1次；粉尘分散度每6个月测定1次；②呼吸性粉尘浓度每月测定1次；③粉尘中游离SiO_2含量每6个月测定1次，在变更工作面时也必须测定1次；④开采深度大于200 m的露天煤矿，在气压较低的季节应当适当增加测定次数。

(三) 防尘岗位相关规定

(1) 新建矿井或者生产矿井每延深一个新水平，应当进行1次煤尘爆炸性鉴定工作，鉴定结果必须报省级煤炭行业管理部门和煤矿安全监察机构。

煤矿企业应当根据鉴定结果采取相应的安全措施。

(2) 开采有煤尘爆炸危险煤层的矿井，必须有预防和隔绝煤尘爆炸的措施。矿井的两翼、相邻的采区、相邻的煤层、相邻的采煤工作面间，掘进煤巷同与其相连的巷道间，煤仓同与其相连的巷道间，采用独立通风并有煤尘爆炸危险的其他地点同与其相连的巷道间，必须用水棚或者岩粉棚隔开。必须及时清除巷道中的浮煤，清扫、冲洗沉积煤尘或者定期撒布岩粉；应当定期对主要大巷刷浆。

(3) 矿井应当每年制定综合防尘措施、预防和隔绝煤尘爆炸措施及管理制度，并组织实施。矿井应当每周至少检查 1 次隔爆设施的安装地点、数量、水量或者岩粉量及安装质量是否符合要求。

(4) 高瓦斯矿井、突出矿井和有煤尘爆炸危险的矿井，煤巷和半煤岩巷掘进工作面应当安设隔爆设施。

(四) 注水岗位相关规定

(1) 冲击地压煤层采用局部防冲措施应当遵守下列规定：①采用钻孔卸压措施时，必须制定防止诱发冲击伤人的安全防护措施；②采用煤层爆破措施时，应当根据实际情况选取超前松动爆破、卸压爆破等方法，确定合理的爆破参数，起爆点到爆破地点的距离不得小于 300 m；③采用煤层注水措施时，应当根据煤层条件，确定合理的注水参数，并检验注水效果；④采用底板卸压、顶板预裂、水力压裂等措施时，应当根据煤岩层条件，确定合理的参数。

(2) 井工煤矿采煤工作面应当采取煤层注水防尘措施，有下列情况之一的除外：①围岩有严重吸水膨胀性质，注水后易造成顶板垮塌或者底板变形；地质情况复杂、顶板破坏严重，注水后影响采煤安全的煤层；②注水后会影响采煤安全或者造成劳动条件恶化的薄煤层；③原有自然水分或者防灭火灌浆后水分大于 4% 的煤层；④孔隙率小于 4% 的煤层；⑤煤层松软、破碎，打钻孔时易塌孔、难成孔的煤层；⑥采用下行垮落法开采近距离煤层群或者分层开采厚煤层，上层或者上分层的采空区采取灌水防尘措施时的下一层或者下一分层。

(五) 裱糊岗位相关规定

(1) 采空区必须及时封闭。必须随采煤工作面的推进逐个封闭通至采空区的连通巷道。采区开采结束后 45 天内，必须在所有与已采区相连通的巷道中设置密闭墙，全部封闭采区。

(2) 控制风流的风门、风桥、风墙、风窗等设施必须可靠。

①不应在倾斜运输巷中设置风门，如果必须设置风门，应当安设自动风门或者设专人管理，并有防止矿车或者风门碰撞人员以及矿车碰坏风门的安全措施。

②开采突出煤层时，工作面回风侧不得设置调节风量的设施。

(六) 防灭火岗位相关规定

(1) 煤的自燃倾向性分为容易自燃、自燃、不易自燃3类。新设计矿井应当将所有煤层的自燃倾向性鉴定结果报省级煤炭行业管理部门及省级煤矿安全监察机构。生产矿井延深新水平时，必须对所有煤层的自燃倾向性进行鉴定。开采容易自燃和自燃煤层的矿井，必须编制矿井防灭火专项设计，采取综合预防煤层自然发火的措施。

(2) 开采容易自燃和自燃煤层时，必须开展自然发火监测工作，建立自然发火监测系统，确定煤层自然发火标志气体及临界值，健全自然发火预测预报及管理制度。

(3) 采用灌浆防灭火时，应当遵守下列规定：①采（盘）区设计应当明确规定巷道布置方式、隔离煤柱尺寸、灌浆系统、疏水系统、预筑防火墙的位置以及采掘顺序；②安排生产计划时，应当同时安排防火灌浆计划，落实灌浆地点、时间、进度、灌浆浓度和灌浆量；③对采（盘）区始采线、终采线、上下煤柱线内的采空区，应当加强防火灌浆；④应当有灌浆前疏水和灌浆后防止溃浆、透水的措施。

(4) 在灌浆区下部进行采掘前，必须查明灌浆区内的浆水积存情况。发现积存浆水，必须在采掘之前放出；在未放出前，严禁在灌浆区下部进行采掘作业。

(5) 采用阻化剂防灭火时，应当遵守下列规定：①选用的阻化剂材料不得污染井下空气和危害人体健康；②必须在设计中对阻化剂的种类和数量、阻化效果等主要参数作出明确规定；③应当采取防止阻化剂腐蚀机械设备、支架等金属构件的措施。

(6) 采用凝胶防灭火时，编制的设计中应当明确规定凝胶的配方、促凝时间和压注量等参数。压注的凝胶必须充填满全部空间，其外表面应当喷浆封闭，并定期观测，发现老化、干裂时重新压注。

(7) 采用氮气防灭火时，应当遵守下列规定：①氮气源稳定可靠；②注入的氮气浓度不小于97%；③至少有1套专用的氮气输送管路系统及其附属安全设施；④有能连续监测采空区气体成分变化的监测系统；⑤有固定或者移动的温度观测站（点）和监测手段；⑥有专人定期进行检测、分析和整理有关记录，发现问题及时报告处理等规章制度。

(七) 风筒移接岗位相关规定

安装和使用局部通风机和风筒时，必须遵守下列规定：

采用抗静电、阻燃风筒。风筒口到掘进工作面的距离、正常工作的局部通风机和备用局部通风机自动切换的交叉风筒接头的规格和安设标准，应当在作业规程中明确规定。

第三章 安全操作基本技能

第一节 岗位双述

一、岗位双述基础知识

岗位双述是指煤矿生产中,为确保操作安全,各岗位的职工在作业操作前,对工作环境和操作对象进行设备与环境描述、岗位主要风险描述及安全确认。岗位双述主要包括岗位描述和手指口述。

(一) 岗位描述

岗位描述是一种对自我状况、安全责任、作业标准、作业环境、工艺流程、设备工具性能特点、协作配合等内容进行描述,从而逐步达到岗位作业本质安全水平的综合性知行训练。

岗位描述主要的内容包括自我状况描述、设备与环境描述、岗位风险与安全确认、操作程序和避灾路线等。

岗位描述的根本目标是进一步明晰岗位责任制,培养行家里手,锤炼岗位专家型职工队伍,具体岗位、具体工种可根据本岗位、本工种的实际情况进行岗位描述。

(二) 手指口述

手指口述就是要求现场作业人员在作业和操作中,运用心想、眼看、手指、口述等一系列行为,对与安全有关的每一道关键工序、每一处关键部位、每一个关键环节进行确认,使人员的注意力高度集中,避免操作失误,从而减少事故,实现安全操作的方法。

手指口述的动作要求是上身保持直立姿势,眼睛紧紧注视着需要确认的对象,右手用力挥动手臂由上向下,食指指向需要确认的对象,刺激大脑思考,把最关键的话大声说出来。

手指口述的作用是:

(1) 促使操作者保持高度集中的注意力。

(2) 增强操作者的定力和稳定性,使操作者强制自己排除各种干扰。

(3) 快速启动作业,使操作者迅速进入作业状态,并把注意力稳定在作业状态。

(4) 强化对操作程序的记忆再现,增强作业的系统性、条理性及完整性。

(5) 实现记忆的清晰化,提高操作的精确度,减少误差。

(6) 严密地分析当前的作业状况,及时准确地作出判断,进行正确的选择。

(7) 提高作业者对操作行为的自信心。

(8) 有利于对关键性操作或问题、错误多发点的提醒。

手指口述简单易学,实用操作性强。手指口述操作法,让操作者在工作中少出错误、少出纰漏,是风险预控管理的重要方法,可为安全生产打下良好的基础。

二、通风防尘各工种岗位双述

(一) 测风工自我描述、岗位描述

1. 自我描述

领导好!我叫×××,是通风队一名测风工。从事本工种×年。我已经通过××培训中心安全培训并合格,掌握《煤矿安全规程》有关风量、气体浓度、温度以及对测风的规定。对所用风表和其他仪器的性能、参数基本掌握。熟悉矿井通风系统,掌握各用风地点所需风量和测风方法、过程、注意事项以及测定局部通风机的风量、风压的方法,持证上岗。

2. 岗位安全责任描述

（1）至少每旬进行一次全面风量测定，同时测定甲烷、二氧化碳等。测定结果要认真要翔实地填写在牌板上。

（2）至少每旬对各掘进工作面的全风压供风量、局部通风机吸风量、出风量进行一次全面测定。

（3）根据需要定时或不定时测风。

（4）每年要全面检查测定一次矿井外部漏风情况，并填写矿井漏风检查记录。

（5）每次检查结果做好详细记录并及时汇报通风部门。

（6）妥善保管测风仪器、仪表。

3. 工艺流程描述

首先检查风表完好情况→进入测量地点→检查测量地点的环境、温度、断面→开始测量→计算测量结果→填写手册、牌板→离开工作地点。

4. 测风工现场班前安全确认、手指口述

（1）测风工具佩戴齐全，工具完好，确认完毕。

（2）测风站的环境合格，安全可靠，确认完毕。

（3）个体防护用品穿戴齐全，确认完毕。

5. 测风工班中安全确认、手指口述

（1）确认所检查巷道顶板、支护完好。

（2）确认所检查巷道的通风良好和有害气体不超限。

（3）确认测风地点的巷道支护情况良好。

（4）确认测风工具的完好和使用正常。

（5）确认所检查地点的风速、风量符合规定要求。

（6）确认风量调整后的瓦斯情况。

（7）确认通风系统的合理和可靠。

（8）确认系统调整后对各地区的影响。

（9）确认各地区的通风设施完好。

（10）确认测风员井下行走安全。

6. 避灾路线

瓦斯、火灾避灾路线：×××——→×××。

水灾避灾路线：×××——→×××。

避灾原则：避水灾人员要判明现场情况，一般情况下根据水往低处流、人往高处走的避水灾原则顺利安全撤出，不得向独头巷道撤离。避火灾、瓦斯人员要根据灾害现场情况，以优先选择能较快进入进风巷路线的原则撤出。如果出现升井通路被堵，无法逃生时，迅速进入两巷设置的临时避难硐室。

（二）测尘岗位自我描述、岗位描述

1. 自我描述

我是××区测尘工×××，××年×月在××参加××安培中心培训，我的操作证的有效期是从××年×月到××年×月，已从事本工种××年，现持证上岗。

2. 工作前安全确认、手指口述

（1）工作地点环境安全确认：顶板完好，无危岩悬矸，两帮支护完好；

（2）测尘仪器确认：测尘仪器电量充足完好，按钮灵敏可靠；

（3）测尘点确认：采样高度在人的呼吸带高度，一般为1.5 m左右。（在掘进工作面采样时，在未安装风筒的一侧，距装岩（煤）、打眼喷浆等地点4~5 m采样；在采煤工作面采样时，在采煤机回风侧，距采煤机10~15 m处采样）。

3. 操作流程手指口述

（1）"仪器的采样口必须迎向风流，测尘仪器开启，必须启动××分钟"。

（2）"测尘仪器工作正常"。

（3）"启动时间到，可以停止采集，收集量具"。

4. 避灾路线

火灾、煤尘、瓦斯避灾路线：×××——→×××。

水灾避灾路线：×××——→×××。

避灾原则：避水灾人员要判明现场情况，一般情况下根据水往低处流、人往高处走的避水灾原则顺利安全撤出，不得向独头巷道撤离。避火灾、瓦斯人员要根据灾害现场情况，以优先选择能较快进入进风巷路线的原则撤出。如果出现升井通路被堵，无法逃生时，迅速进入两巷设置的临时避难硐室。

（三）防尘岗位自我描述、岗位描述

1. 自我描述

尊敬的各位领导：大家好！我叫×××，是××矿业公司通防队一名矿井防尘工，××年××月参加安全培训，经考试合格，准许上岗。我的岗位职责是严格执行"三大规程"和防尘的有关规定，负责全矿巷道内粉尘的冲刷工作，杜绝粉尘堆积，确保安全作业。

2. 岗位安全责任描述

作业对象描述：作为一名矿井防尘工，工作范围是负责全矿井下所有地点的自动喷雾、净化水幕的使用、管理和维护，认真落实好冲刷巷道的防尘工作，定期冲刷巷道内的粉尘能有效消除粉尘的堆积，为井下创造良好的作业环境。

安全作业流程描述：

（1）首先是明确操作顺序。

洒水灭尘的操作顺序：检查防尘管路、胶管→连接水管装置→洒水灭尘→整理工具。

要做到带齐个体防护用品，如防尘口罩、雨衣、绝缘橡胶手套、绝缘胶鞋等。

（2）要做到下井前携带好矿灯和自救器，佩戴好安全帽和劳动防护用品，不穿化纤衣服，不携带烟草及点火物品入井。

（3）做到规范操作。①防尘装备的检查。按行走路线，首先对井下的防尘水压、水质进行检查。其次对井下各净化水幕、喷雾装置进行检查，发现问题及时处理。②作业现场安全检查。

对巷道顶板和两帮支护情况进行检查，确认支护完好，无车辆通行，开始准备冲刷巷道。③做好个体防护。戴好防尘口罩和绝缘手套等。④连接胶管。将变径的一端和防尘管路上的三通阀门连接，另一端与高压胶管连接，连接好并用U型卡卡住，确保连接牢固。⑤洒水灭尘。打开防尘管路上的三通阀门前，高压胶管另一端要用手握紧，防止高压胶管舞动伤人。冲刷巷道顺序是先冲刷底板，再冲刷两帮，最后冲刷顶板。对顶板破碎的巷道，要时刻注意顶板。观察行人和车辆，当有人员或车辆通过时，要停止冲刷。冲刷工作时，要顺着风流进行。冲刷巷道时要注意车辆和附近的顶板情况，不能冒险操作。另外必须对负责冲刷巷道内的各净化水幕、喷雾装置等防尘设施进行检查、维护，确保防尘设施完好无损，正常使用。⑥整理工具。冲刷工作完毕后，要将工具和器材整理好带走，不准留在工作地点，防止丢失，影响下一班工作。

3. 防尘岗位手指口述

（1）手指工作地点巷道，机电设备、安全设施，口述："巷道无运输车辆，机电设备、安全设施完好，确认完毕"。

（2）手指巷道支护、喷雾设施，口述："巷道支护良好，无危岩活矸，喷雾、洒水设施完好，确认完毕"。

（3）手指工具、器材，口述："所用工具、器材完好，确认完毕"。

（4）手指作业现场，口述："现场牌板、机电设备已进行遮盖，无行人通过，确认完毕"。

（5）手指工作区，口述："巷道杂物已清扫、装运，达到卫生干净并已洒水降尘，确认完毕"。

4. 避灾路线

瓦斯、火灾避灾路线：×××——→×××。

水灾避灾路线：×××——→×××。

避灾原则：避水灾人员要判明现场情况，一般情况下根据水往低处流,人往高处走的避水灾原则顺利安全撤出,不得向独头巷道撤离。避火灾、瓦斯人员要根据灾害现场情况,以优先选择能较快进入进风巷路线的原则撤出。如果出现升井通路被堵,无法逃生时,迅速进入两巷设置的临时避难硐室。

(四)注水岗位自我描述、岗位描述

1. 自我描述

各位领导好!我叫×××,是××区注水工,××年××月在××参加××安培中心特殊工种培训,我的操作证的有效期是从××年×月到××年×月,已从事本工种××年,现持证上岗。

2. 岗位描述

(1)入井前佩戴好劳动防护用品,带齐注水工具及维护用具,在井下和上班的注水工认真做好交接班工作,对上班的注水孔进行检查,并做好注水记录。

(2)在打注水孔前必须认真检查工作面的支护情况、煤层情况、注水管、阀门、封孔器的安全情况,保证注水工作的安全顺利进行。

(3)注水眼的布置和超前距离以及角度和高度都必须符合安全技术要求。

(4)正确使用封孔器,以防爆裂。

(5)注水过程中,认真观察煤层情况,及时与泵站联系协调,保证注水质量。

(6)做到熟练掌握注水技术,能够及时处理注水中出现的漏水等问题。

3. 手指口述

"注水工作面支护完好,煤壁正常,工作环境安全,确认完毕"。

"注水眼符合规程规定,管路、阀门正常,确认完毕"。

4. 避灾路线

瓦斯、火灾避灾路线:×××——→×××。

水灾避灾路线：×××──→×××。

避灾原则：避水灾人员要判明现场情况，一般情况下根据水往低处流、人往高处走的避水灾原则顺利安全撤出，不得向独头巷道撤离。避火灾、瓦斯人员要根据灾害现场情况，以优先选择能较快进入进风巷路线的原则撤出。如果出现升井通路被堵，无法逃生时，迅速进入两巷设置的临时避难硐室。

（五）裱糊岗位自我描述、岗位描述

1. 自我描述

报告领导：我是××区的裱糊工×××，经过×××培训中心安全培训，考试合格，正在持证上岗。我的岗位职责是：负责井下风门、反风门、调节风门、风墙、密闭墙、风桥等通风设施的建筑及拆除工作。负责及时对井下通风设施修堵、整修、维护及设施附近巷道清理工作。本地区我已经过安全确认，通风设施完好。我正在×××地区建筑×××类设施，需要建××道×设施，此地区有永久风门×道、永久风墙×道、挡风墙×道。

2. 岗位描述

建筑通风设施时：

（1）选择地点：要选择一段平直的巷道，前后 5 m 范围内支护完好，无片帮、冒顶，有风门时每组风门不少于两道，通车风门间距不小于一列列车的长度，行人风门间距不小于 5 m。

（2）掘槽：对建墙地点两帮和顶底掘一小槽，要求见实帮实底（煤巷掘槽深度不小于 0.2 m，岩巷掘槽深度不小于 0.1 m）与煤岩接实。在掘槽过程中要审帮问顶。

（3）砌筑通风设施：砌筑砖石密闭墙时，通常采用链式砌法，要求墙体厚度不小于 0.5 m，墙面平整、无空缝、重缝，有水的要留反水池或反水管，砌筑墙体需要摆架时，摆架要牢固可靠，注意安全。

（4）砌筑风门时，先将巷道底部掘槽砌平，然后立好门框，立门框时注意门扇启动方向是迎风流方向，门轴与门框要向关门方向倾斜5°左右，砌筑永久风门墙体厚度不小于0.5 m，要严密不漏风，墙面要平整、无裂缝、重缝和勾缝。门墙建筑好之后，对墙体用水泥沙浆进行勾缝，把掏槽处间隙用水泥沙浆填满充实，防止漏风。砌筑墙体需摆架时，摆架要牢固可靠。要审帮问顶。风门墙体建筑好后进行上门，门扇上好后，要对门框包边沿口加衬垫，堵漏风，要求四周接触严密，门扇平整不漏风，门扇与门框不歪扭，最后还要在水沟安设挡风帘，通车风门要设底坎，电缆、管路孔要堵严。

（5）建临时风门时，先打设几个立柱，形成骨架，然后把门框固定在立柱上，立门框时注意门扇启开方向是迎向风流方向，防止装反，门轴与门框要向关门方向倾斜5°左右。在板墙背面打设不少于两根戗点柱，点柱都要打设牢固，第一块木板紧靠顶板顶上，第二块木板的上部边缘覆盖着第一块木板的下部边缘，从上到下鱼鳞式搭接，这样依次进行到底，钉墙需摆架时，摆架要牢固。用灰泥满抹墙面，堵塞与围岩相接触的四周。上门扇，门扇上好后，要对门框包边岩口加衬垫，堵漏风，要求四周接触严密，门扇平整不漏风，门扇与门框部歪扭，通风车门要设底坎，电缆管路孔要堵严，水沟挂挡风帘。

（6）抹边勾缝砌筑好墙体之后，在墙体上抹不小于0.1 m的裙边，并对整个墙面用水泥勾缝。

（7）清理：把用不完的物料要清理干净，做到人走物料净。通风设施规格：大号门高2.8 m，宽2 m，内径高度距道面2.4 m，内径宽度1.6 m。中号风门高2.1 m，宽2 m，内径高度距道面1.7 m，内径宽度1.6 m。小号风门分为2种，一种为高1.3 m，宽1.1 m，内径高度距道面1 m，宽0.8 m；另一种为高1.1 m，宽0.9 m，内径高度距道面0.8 m，宽0.6 m，此2种不能过罐，只能行人。所有通风设施前后5 m范围内不得有杂物、积水、淤泥。构筑永久风门时，必须预留管线孔。

（8）通风设施损坏可能产生的后果：风流短路造成瓦斯超限。

第三章　安全操作基本技能

3. 岗位手指口述

（1）手指风门、密闭、栅栏位置，口述："风门、密闭、栅栏构筑（维修）位置明确，地点气体正常，巷道支护完好，确认完毕。"

（2）手指连锁风门，口述："连锁风门、开、关正常，符合要求，确认完毕。"

（3）手指巷道较高地点，口述："巷道较高地点须搭架施工，脚手架牢固可靠，符合要求，可以施工，确认完毕。"

（4）手指风门、密闭、栅栏，口述："风门、密闭、栅栏构筑完毕，确认完毕。"

（5）手指现场卫生，口述："现场卫生已清理，可以离开现场，确认完毕。"

4. 避灾路线

瓦斯、火灾避灾路线：×××——→×××。

水灾避灾路线：×××——→×××。

避灾原则：避水灾人员要判明现场情况，一般情况下根据水往低处流、人往高处走的避水灾原则顺利安全撤出，不得向独头巷道撤离。避火灾、瓦斯人员要根据灾害现场情况，以优先选择能较快进入进风巷路线的原则撤出。如果出现升井通路被堵，无法逃生时，迅速进入两巷设置的临时避难硐室。

（六）防灭火岗位自我描述、岗位描述

1. 自我描述

（1）制氮岗位自我描述。

报告，我叫×××，是××区制氮机司机，经过××培训中心安全培训，考试合格，正在持证上岗。欢迎检查指导工作。是否进行岗位描述？请指示。

（2）注氮岗位自我描述。

报告，我叫×××，是××区防灭火注氮工，经过××培训中心安全培训，考试合格，正在持证上岗。欢迎检查指导工作。是否进行岗位描述？请指示。

（3）制浆岗位自我描述。

报告，我叫×××，是××区制浆工，经过××培训中心安全培训，考试合格，正在持证上岗。欢迎检查指导工作。是否进行岗位描述？请指示。

2. 岗位描述

1）制氮岗位描述

（1）设备与环境描述。制氮机的型号为×××，额定功率××kW，氮气流量×××m^3/h，氮气浓度××%，设备运转正常。

（2）岗位主要风险和安全确认：操作是否正规；高压容器压力是否符合要求；电气设备是否漏电；高压管路连接是否严密。经安全确认无隐患（经安全确认有××隐患，正在处理）。

（3）岗位主要操作程序。环境、设备安全确认→电控箱送电→打开风门→将电控箱操作按钮搬至运行位置→氧氮分离车消音器响过2次后，向缓冲罐供气→缓冲罐压力达到××MPa时，开始输送氮气→设备运转过程中检测浓度、气体压力→填写记录→向值班汇报→现场交接班。

2）注氮岗位描述

（1）设备与环境描述。正在×××工作面进行注氮作业，现在工作面瓦斯浓度××%，温度××℃，工作面注氮方式为埋管注氮，氮气流量××m^3/min，氮气浓度××%，注氮时间××h。

（2）岗位主要风险与安全确认：顶板是否掉渣，煤壁是否片帮；甲烷、煤尘是否超限；工作面是否存在自然发火征兆。经安全确认无隐患（经安全确认有××隐患，正在处理）。

（3）岗位主要操作程序。确认工作环境→插入注氮管→联系注氮→监测注氮情况→联系停氮→注氮完毕→清理现场。

3）制浆岗位描述

（1）设备与环境描述。现正在进行配制泥浆和向井下送浆作业，浆液浓度1∶4，流量×m^3/h。

(2) 岗位主要风险与安全确认：人员是否摔落浆池；搅拌机是否伤人；球磨机回转部位是否伤人；设备意外启动是否造成伤害。经安全确认无隐患（经安全确认×××有隐患，正在处理）。

(3) 岗位主要操作程序。安全确认→准备黄土→研磨泥浆→配制浆液→检验浆液质量→按要求供浆→与下班交接当班情况→汇报当班情况、填写板报。

3. 避灾路线

火灾、瓦斯避灾路线：×××——→×××。

水灾避灾路线：×××——→×××。

避灾原则：避水灾人员要判明现场情况，一般情况下根据水往低处流、人往高处走的避水灾原则顺利安全撤出，不得向独头巷道撤离。避火灾、瓦斯人员要根据灾害现场情况，以优先选择能较快进入进风巷路线的原则撤出。如果出现升井通路被堵，无法逃生时，迅速进入两巷设置的临时避难硐室。

（七）风筒移接岗位自我描述、岗位描述

1. 自我描述

报告，我叫×××，是××区移接工，经过×××培训中心安全培训，考试合格，正在持证上岗。欢迎领导检查指导工作，是否对本岗位进行描述？请指示。

2. 设备与环境描述

本地区安装有×××型局部通风机，风筒规格为×××风筒。

3. 岗位主要风险和安全确认

(1) 顶板是否掉矸，煤壁是否片帮。

(2) 斜巷运输严禁行人。

(3) 吊挂风筒周围环境是否安全。

(4) 运输安全设施是否齐全。

(5) 搬运大件周围环境是否安全。

(6) 电气设备是否完好。

(7) 送电、验电、停电是否符合要求。

经安全确认无隐患（经安全确认有××隐患，正在处理）。

4. 岗位主要操作程序

移接风筒：确认风筒规格质量→运送风筒→确认工作环境→移接风筒。

安装风机：确认设备完好→运送风机→确认工作环境→吊挂、摆放风机→取电源、接线→试运转→完毕清理现场。

5. 本岗位操作流程手指口述

（1）手指工具并口述："剪子、风筒胶、铁丝等材料、工具已带齐全，可以下井"。

（2）手指风筒并口述："检查风筒，风筒吊挂平、直、稳，表面无浆尘，无破口、漏风。""到达迎头，取出备用风筒。""风筒已吊挂好，风筒口距迎头不超过 10 m，符合规定。""贴风筒编号。""风筒编号为××，已贴好"。

6. 避灾路线

瓦斯、火灾避灾路线：×××——→×××。

水灾避灾路线：×××——→×××。

避灾原则：避水灾人员要判明现场情况，一般情况下根据水往低处流、人往高处走的避水灾原则顺利安全撤出，不得向独头巷道撤离。避火灾、瓦斯人员要根据灾害现场情况，以优先选择能较快进入进风巷路线的原则撤出。如果出现升井通路被堵，无法逃生时，迅速进入两巷设置的临时避难硐室。

第二节　安全技术操作规程

一、测风安全技术操作规程

（一）入井前的准备工作及仪器保养

1. 入井前的准备工作

入井前必须将需要使用的风表、表把、秒表、便携式甲烷检测报警仪、温度计、皮尺、风表校正曲线表、测风原始记录、圆珠笔、粉笔等携带齐全，并认真检查，切不可损坏丢失。

2. 风表的检查

（1）检查风表开关、回零装置是否灵活可靠，发现问题及时处理。

（2）检查风表的指针是否转动正常，有无停顿现象。自动风表是否运转准确，风表校正曲线与风表是否对号等。

（3）检查风表外壳及各部螺丝有无松动；部件、叶片是否齐全完好，如有故障，处理好后方准下井。

煤矿常用风表结构图如图3-1所示。

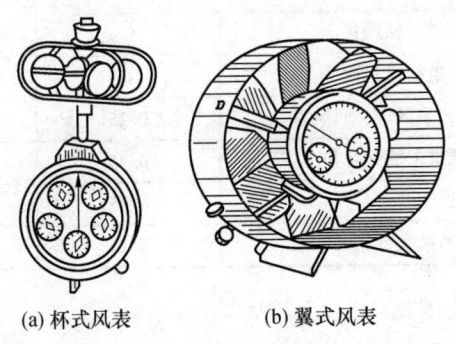

(a) 杯式风表　　　　(b) 翼式风表

图3-1　煤矿常用风表结构图

3. 秒表的检查

（1）检查秒表开关是否灵活可靠。

（2）检查秒表指针启动是否正常。

4. 便携式甲烷检测报警仪的检查

按瓦斯检查工操作规程规定检查。

携带和使用仪表必须轻拿轻放，避免碰撞，风表叶轮不得跟其他物体接触，不得倒转或用嘴吹，非测风员不得随便动用。使用完毕后，必须用棉花蘸酒精将风表上的煤尘轻轻擦净，或用鸡毛蘸酒精将叶片轻轻擦净，然后放入仪表盒内。

(二) 测量风速的方法

《煤矿安全规程》对煤矿井下各个位置风流速度有明确规定,见表3-1。

表3-1 井巷中的允许风流速度

井巷名称	允许风速/(m·s^{-1})	
	最低	最高
无提升设备的风井和风硐		15
专为升降物料的井筒		12
风桥		10
升降人员和物料的井筒		8
主要进、回风巷		8
架线电机车巷道	1.0	8
输送机巷,采区进、回风巷	0.25	6
采煤工作面、掘进中的煤巷和半煤岩巷	0.25	4
掘进中的岩巷	0.15	4
其他通风人行巷道	0.15	

1. 烟雾法测风

对于小于 0.2 m/s 的风速或检查密闭及采空区漏风时,可采用此方法。即预先选定一段长 3~10 m 的巷道,一人在起点放出烟雾(利用吹烟管等),另一人在终点用秒表测定烟雾移动完这段距离所需要的时间,以烟雾流动的时间除烟雾流动的距离,算出最大风速,再乘上 0.8 的校正系数,即为平均风速。

2. 用风表测定风速

风表的使用范围应符合不同类型风表规定的测定范围,低速风表 0.25~0.5 m/s,中速风表 0.5~10 m/s,高速风表 0.8~25 m/s。根据风速大小选择风表,以免损坏风表或造成较大的测量误差。根据单位时间风表的转速,查阅风表校正曲线得出真实的风速。

3. 风表测风方法（按身体位置分类）

测风时按测风员身体的相对位置，可分为侧身法和迎身法两种。

（1）侧身法。测风时，测风员在测量断面内背向巷道壁站立，手持风表，手臂沿与风流垂直方向伸直，然后在巷道测量断面内均匀移动。为消除人体对风速的影响，应将所测风速乘以一校正系数 K，从而获得真实风速。校正系数 $K=(S-0.4)/S$（S 为所测巷道断面面积，0.4 为人体在巷道中所占面积，按 $0.4 \mathrm{~m}^2$ 计算）。

（2）迎身法。测风时，测风员在测量断面之内，手持风表，迎风方向把风表超前伸出 $0.5 \sim 0.6 \mathrm{~m}$，然后在巷道测量断面内均匀移动，为消除人体对风速的影响，应将所测风速乘以一校正系数 K（$K=1.14$），从而获得真实风速。

4. 风表测风方法（按风表移动方式分类）

测风时按风表的移动方法可分为以下 3 种（图 3-2）：

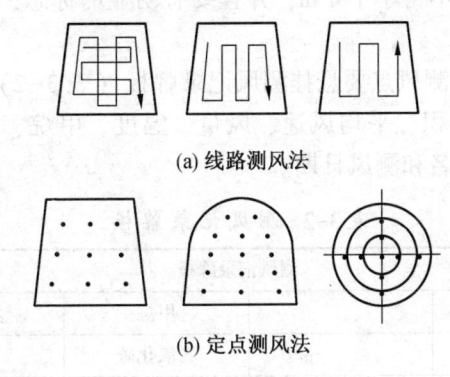

(a) 线路测风法

(b) 定点测风法

图 3-2 风表移动示意图

（1）定点测风法。将测风断面均匀分成若干点（如 12 点法），让风表在这些点等时停留（一般每点测定时间为 5 s），然后算出各点的平均风速。

(2) 线路测风法。风表在测风断面内按规定好的路线均匀移动。巷道断面积在 7 m² 以下时，采用三线法；7 m² 以上时采用四线法或五线法。要求在 1 min 内风表正好从路线的起点移动到终点。

(3) 混合法。即使用定点与线路测风方法的混合测风方法。一般当断面积在 3~7 m² 时，采用九点三线测风法，即每次测风时间为 1 min，将测风断面分为九格，风表在每格的中心位置测定 5s，剩余 15s 将风表逆原来移动路线返回原始位置停止。

(三) 测风点的选择

(1) 井下测风点位置。矿井主要进、回风大巷和采区进、回风巷应建立固定测风站，采掘工作面进、回风巷、瓦斯尾巷、机电硐室、爆炸物品库、主要煤仓等应设测风点。

(2) 测风站、测风点都应选在支架完整，没有空顶、片帮，前后 10 m 内没有拐弯和其他障碍并能准确计算测风断面的地点。测风站的长度不得小于 4 m，并且要有明显的标志，站内无积水淤泥和杂物。

(3) 每个测风点要悬挂测风记录牌板 (表 3-2)，标明测风点名称、断面积、平均风速、风量、温度、甲烷、二氧化碳含量、测风员姓名和测风日期。

表 3-2 测风记录牌板

测风记录牌板			
地点		甲烷	%
断面积	m²	二氧化碳	%
风速	m/s	温度	℃
风流	m³/min	大气压	kPa
测风员		日期： 年 月 日	

(4) 每旬测风前要审定一次有效风量测点位置的合理性。

采煤工作面测风点应选在距工作面 30~50 m 内，掘进工作面要选在距头第一个风眼 10~30 m 处。采煤工作面测风一般应在回风道进行，有特殊困难时，也可在入风巷道测风，在回风巷道测瓦斯、温度等参数。

（5）测风点的断面积、位置要经常进行校正。

（6）掘进工作面的风量，即风筒出口风量，应在风筒出口处或距风筒末端 5~10 m 的巷道风流中测定。在风筒出口测风时，末端风筒要吊挂平、直、稳，风表放在风筒中心或风筒出风口断面的中心，所测风速乘以修正系数 0.8 即为断面的平均风速。若风筒出口断面不规整时，可在巷道中测定。

（四）测风操作注意事项

（1）测风时，必须迎着风流方向测定，风表刻度盘应背着风流，即测风员能看到刻度盘。

（2）风表不能距人身太近，也不能距顶、底板，两帮太近。一般应保持 200 mm 以上的距离。

（3）测风时，风表须配有不小于 0.5 m 长的手把，以保证测量路线位置准确。风表一定要始终与风流方向垂直，特别是在倾斜巷道中更要注意这一点。一定要待风表运转正常后再启动开关。

（4）在任何地点测风时，必须在风流稳定时进行测风，如遇列车通过时，必须在列车通过 2~5 min 后，风流稳定时，再进行测风。测风期间，测点附近禁止车辆和人员通过，并注意邻近风门的开启情况。

（5）每一测风地点风速至少测定两次，两次测定误差不得超过 3%，并求其平均值。两次测定误差较大时，必须重新测定。测定风量的同时，要测定温度、湿度、氧气及甲烷和二氧化碳等有害气体含量。

（6）在有架线电机车巷道测风时，要注意风表与架线保持至少 100 mm 以上的距离，防止触电。

(7) 测风原始数据,包括巷道断面的长、高、宽尺寸,风表的读数,以及温度、湿度、甲烷和二氧化碳浓度等有关数据,应立即记入测风原始记录。

(8) 每次测定结果应就地粗算,发现问题应重新测定,每次测定风量应及时将计算结果填入测风记录牌,并负责挂好牌板。

二、测尘安全技术操作规程

我国一贯采用质量浓度表示法。目前,粉尘浓度的测定方法以质量法为主,主要有滤膜质量测尘法和光电读数测尘法,用于测定安全粉尘或呼吸性粉尘浓度。

作业场所空气中粉尘浓度检测方法:

1. 总粉尘

作业场所总粉尘检测方法执行 GB 5748—1985,该标准规定了浓度检测的基本方法为滤膜采样法。其原理是:用粉尘采样器抽取一定体积的含尘空气,将粉尘阻留在已知质量的滤膜上,由采样后滤膜的增量和采样空气量求出单位体积空气中粉尘含量。

2. 呼吸性粉尘

作业场所呼吸性粉尘浓度检测基本方法执行 GB 16248—1996 的规定。其原理是:使用具有呼吸性粉尘与非呼吸性粉尘分级功能的采样器抽取一定体积的含尘空气,通过采样头时粗粉尘粒子冲击、黏结在已知质量、涂黏性(或黏着剂)的冲击采样板上,呼吸性粉尘则透过冲击采样板到达滤膜,并为其所捕集;由采样后冲击采样板及滤膜的增量和采样空气体积计算出作业场所单位体积空气中总粉尘和呼吸性粉尘的浓度。

3. 呼吸性粉尘接触浓度检测

呼吸性粉尘接触浓度的检测方法执行 LD 38—1992 标准。该标准规定的测量方法为选择有代表性作业人员使用个体呼吸性粉尘采样器进行滤膜采样法测定作业人员接触浓度,取数名工人测得的呼吸性粉尘接触浓度的算术平均值作为工人群体的粉尘接触浓度。

(一) 测尘操作方法

1. 测尘仪使用和保养

(1) 测尘仪应经常保持清洁卫生，性能良好。下井使用时要有外套保护，避免摔打碰撞。

(2) 下井前必须对测尘仪的性能进行检查，不符合要求的不得下井使用。

(3) 测尘仪必须在每次使用后按照使用说明书要求进行充电。

(4) 所有使用的测尘仪必须每天检查一次，并做好记录。

(5) 测尘仪每使用一个月后，必须进行一次维修，每半年进行一次维修、校正，并换发计量合格证。

2. 天平的使用及注意事项

(1) 测尘用天平应使用万分之一的分析天平，其称量误差不得大于万分之二，并每年由计量单位鉴定一次，不合格的不得使用。

(2) 天平室应设在附近没有震动的地方，室内应保持清洁干燥。

(3) 天平应放在稳固的平台上，并避免风流直接吹向天平。

(4) 天平应有保护外套，外套应设两层，外黑里红。

(5) 天平内外应保持清洁卫生，天平内应放干燥剂，并经常更换。

3. 称、装滤膜的操作要求

(1) 在称量滤膜前，必须将天平内外和天平托盘清理干净，调正水平，校好零点后再称量。

(2) 称滤膜：要选择质地均匀无破损的滤膜，用镊子取下滤膜两面的夹衬纸，放在天平托盘的正中间称量，并记录其重量。

(3) 装滤膜：打开滤膜夹，用酒精将滤膜夹及滤膜盒擦拭干净，干燥后，将已称好的滤膜放在滤膜夹的下半部夹紧，然后检查滤膜平整无褶皱和漏缝后，即可放入用酒精擦拭干净的滤膜盒内备用。

(4) 样品盒的底和盖都应标有相同的号码，但每个样品盒的号码不能重复。

(5) 称量采样后的滤膜时，如果采样现场空气相对湿度在90%以上或发现滤膜上有明显的水珠存在，应将滤膜放入干燥器内，干燥 2 h 后再称量。

(6) 称量采样前后的滤膜的增量应在 1~10 mg 之间，否则将样品作废处理。

(7) 采样前后称滤膜的重量，要使用同一台天平，同一人操作，不得随意换机、换人。

4. 测尘操作规定

(1) 测尘采样前应选择顶板牢固、安全的位置放置仪器，仪器要放平稳，流量计要垂直。

(2) 测尘前，测尘人员要用随身携带的瓦斯鉴定仪器，测定测尘地点的瓦斯含量，严禁在有瓦斯超限的情况下测尘。

(3) 采样时将滤膜从滤膜盒内取出放入采样头内，拧紧采样头的螺丝，采样头迎着风流方向测定。

(4) 采样开始时，应同时开动测尘仪和秒表，并迅速将测尘仪的流量调到预定流量，使其始终保持稳定。采样前后取放滤膜的过程中，要避免手、衣服和顶板落煤等污染滤膜。

(5) 采样时，应观察现场情况，做好以下记录：采样日期、班次、采样地点、生产单位、生产工序、粉尘性质、防尘措施和存在问题以及采样流量、时间和样品号等。

(6) 采样时的流量计流量应在 20 L/min 为宜，不能过大或过小。

(7) 采样器的采样时间应不少于 10 min。滤膜的增量应不少于 1 mg，但不得多于 10 mg，如预先知道现场粉尘浓度较大时，应改用 75 mm 大直径滤膜测尘，以确保测定结果的正确性。

（8）采样完毕后，立即将滤膜（受尘面向上）放入储样盒内，如粉尘失落或不符合要求，应作废重新采样，对合格的测尘样品要立即放入干燥箱内，干燥 2 h 后再进行称重。

（9）干燥后的粉尘样品，取出后立即进行分析测定，求出各点的粉尘浓度（mg/m³），其计算公式为：

$$粉尘浓度 = (m_2 - m_1) \times 1000/QT$$

式中　m_1——采样前滤膜质量，mg；

　　　m_2——采样干燥后滤膜质量，mg；

　　　Q——粉尘采样器采样时流量，L/min；

　　　T——粉尘采样器的采样时间，min。

（二）测尘注意事项及有关规定

（1）测尘前必须认真检查测尘仪器，做到外表清洁、附件齐全，电键或旋钮灵敏可靠。使用光电测尘器时，要检查电池电压，当低于使用电压时，应按要求进行充电。

（2）根据测尘地点和采样数量准备好使用仪表、工具及附件。

（3）使用粉尘采样器测尘时，要事先认真称量滤膜，测量时用塑料镊子取滤膜两面的夹衬纸，然后将滤膜轻放在分析天平上进行称量，并记下重量值，编好号码，再放入滤膜盒内。滤膜不得有褶皱，盒盖要拧紧，并置于干燥器内。使用光电测尘仪器测尘时，要备有足够的滤膜纸带。

（4）下井时应带全仪器、仪表、工具和记录本等。仪器必须随身携带，严禁碰撞挤压，不得让他人代拿或摆弄。

（5）注意观察采样地点、顶板、运输等情况，以保证工作中的自身安全。

（6）采样地点必须设在回风侧，仪器的采样口必须迎向风流。

(7) 采样高度在不妨碍工人操作的条件下,应尽量靠近工人作业的呼吸带。一般高度为 1.5 m 左右。

(8) 测尘开始时间的要求是:对于连续性生产作业,应在生产达到正常状态 5 min 后再进行采样;对于间断性产尘作业,应在工人作业时采样。

(9) 每个测尘点连续测定的数据不少于 3 次,并取其平均值。

(10) 用快速直读测尘仪测定粉尘浓度时,必须以粉尘采样器测得的浓度为准,对测定的数据要进行换算。

(11) 使用粉尘采样器测尘时,若采样后的滤膜被污染或粉尘失落应作废,重新采样;由于滤膜不耐高温,在 55 ℃ 以上的采样现场不宜采样。

(12) 总粉尘:作业场所的粉尘浓度,井下每月测定 2 次,地面及露天煤矿每月测定 1 次;粉尘分散度每 6 个月测定 1 次。

(13) 呼吸性粉尘:①班个体呼吸性粉尘检测,采掘工作面每 3 个月测定 1 次,其他工作面或作业场所每 6 个月测定 1 次。每个采样工种分 2 个班次连续采样,1 个班次内至少采集 2 个有效样品,先后采集的有效样品不得少于 4 个。②点呼吸性粉尘检测每月测定 1 次。

(14) 粉尘中游离 SiO_2 含量,每 6 个月测定 1 次,在变更工作面时也必须测定 1 次;各接尘作业场所每次测定的有效样品数不得少于 3 个。

(15) 测尘完毕后,要及时将每次的测尘记录填入台账,要填写粉尘测定结果报告表及时上报,并按规定定期绘制粉尘浓度曲线图。

(16) 测尘采样器每次使用完后,要擦净、检修,使仪器始终保持完好状态。

(三) 滤膜采样器

采样器材主要包括滤膜、采样头、抽气装置和流量计。滤膜采样器原理如图 3-3 所示。

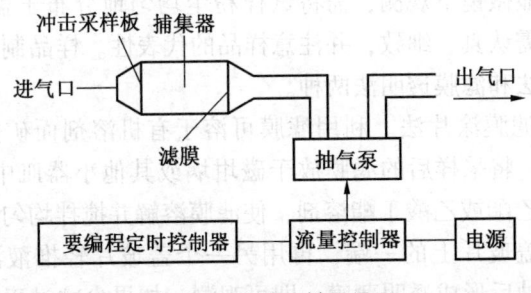

图 3-3　滤膜采样器原理

（1）滤膜。它是用超细合成纤维制成的网状滤膜，孔隙细小，有明显的负电荷相憎水性，耐酸碱腐蚀，阻尘率高，阻力小，质量轻。采样后滤膜可溶于醋酸丁酯等有机溶剂，用于测定粉尘的分散度。

滤膜有 75 mm 和 40 mm 直径的两种规格，分别用于矿尘浓度大于 200 mg/m³ 和低浓度的情况。

（2）采样头。由漏斗和滤膜夹两部分组成。下井测定前，将称重后的滤膜装于滤膜夹上，放入滤膜盒内，采样时取出滤膜夹安放于采样漏斗内。

（3）抽气装置。它是由微电机和薄膜泵组成的抽气系统。

（4）流量计。常用浮子流量计，其流量范围 $q = 15 \sim 40$ L/min，流量计流量的调节由针形阀门控制。

（四）粉尘分散度测定

1. 原理

测定粉尘分散度的原理是将现场空气中采集来的粉尘样品，制成可以用显微镜观察的标本，用目镜测微尺测量粉尘粒径的大小，随机测量 200 个粉尘颗粒，算出小于 2 μm、2～5 μm、5（不含）～10 μm、大于 10 μm 各组的数量百分比，即为该现场空气中粉尘的分散度。

2. 制备粉尘分散度标本的方法

为在显微镜下观测,需将试样粉尘均匀地分布于盖玻片上。样品制作需认真、细致,并注意样品的代表性。样品制作主要有滤膜涂片法和滤膜透明法两种。

(1) 滤膜涂片法。利用滤膜可溶于有机溶剂而矿尘不被溶解的原理,将采样后的滤膜放于磁坩埚或其他小器皿中,加 1~2 mL乙酸乙酯或乙酸丁酯溶剂,使滤膜溶解并搅拌均匀,然后取一滴加在盖玻片上的一端,再用另一个盖玻片轻推液滴制成样品,一分钟后形成透明薄膜,即可观测。如果尘粒过于密集影响观测,再加入醋酸丁酯溶剂稀释,重新制作样品。此法操作简便,适于滤膜测尘,且样品可长期保存,是目前厂矿企业常用的方法。

(2) 滤膜透明法。将采样后的滤膜,受尘面向下平铺于盖玻片上,然后在样品中心部位用移液管滴一小滴二甲苯,二甲苯向周围扩散并使滤膜成透明薄膜,数分钟后即可观测。注意要使滤膜受尘面向下,以防滴二甲苯时粉尘飞散;滤膜上积尘过多时,不便观测,因此,该方法适于低浓度粉尘环境的分散度测定。

标本的制作方法还有自然沉降法。此法的优点是粉尘在沉降筒内自然沉降,可使粉尘保持原来形状。缺点是采样后要静置 4~5 h以上方可观测,粉尘过多过少都无法测量;撞击高速气流,撞击在玻璃片上而取得粉尘样本,采样比较方便,但粉尘在撞击过程中改变了形状,与在空气中飘浮状态不同。

3. 目镜测微尺的标定

显微镜放大倍数的选择以粉尘粒径分布范围宽窄来定。若范围较窄,则一般选用物镜放大倍数为 40 倍,目镜放大倍数为 10~25 倍,总放大倍数为 600~1000 倍。目镜测微尺是一线状分度尺,它放在目镜筒中,用以量度尘粒尺寸,如图 3-4 所示。但每一分格所表示的尺寸与所选放大倍数有关,因此使用前要用标准尺（物镜测微尺）标定。

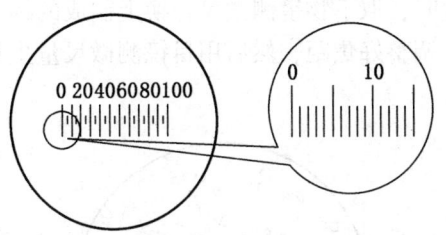

图 3-4　目镜测微尺

物镜测微尺是一标准尺度，每一小刻度为 10 μm，标定时，将物镜测微尺放在显微镜载物台上（相当于粉尘试样），选好目镜并装好目镜测微尺，调好焦距。操作时，先将物镜调制低处，注意不要碰到测微尺；然后目视目镜观察，慢慢向上调整，直至物像清晰。徐徐调整载物台，使物镜测微尺的刻度与目镜测微尺刻度的一端对齐（或某一刻度互相对齐），再找出另一互相对齐的刻度线。根据两者数值镜的分度是绝对长度 10 μm，可计算出目镜测微尺一个刻度所度量的尺寸。如图 3-5 所示，两尺寸的 0 点相对，另一侧，目镜测微尺的 32 与物镜测微尺的 14 相对，即目镜测微尺 32 个刻度的长度相当于物镜测微尺 14 个刻度的长度，则目镜测微尺每一刻度的度量长度为：$10 \times 14/32 = 4.4$ μm。

若要更换目镜或物镜时，要重新标定。

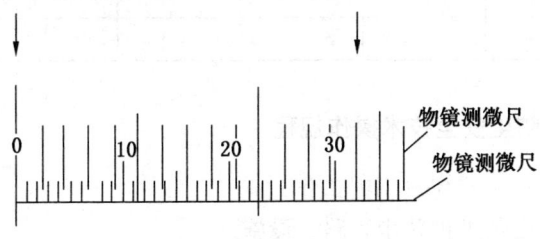

图 3-5　目镜测微尺标定示意图

4. 测定

测量粉尘时,取下物镜测微尺,换上制成的标本,用选定的目镜和物镜,调整好焦距,然后用目镜测微尺量尘粒大小,如图 3-6 所示。

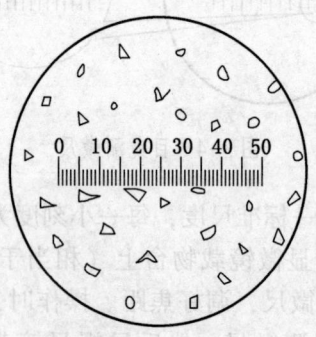

图 3-6 粒径测定示意图

观测样品的移动方向要保持一致,测量尘粒的定向径(指尘粒的最大投影尺寸,它由测微尺的垂线与尘粒投影轮廓线相切的两条平行线间的距离来表示),按粒径分布的分级计数。测定时,对尘粒不应有选择,每一样品计测 200 粒以上,可用血球计数器分档计数,算出百分比,见表 3-3。

表 3-3 粉尘数量分散度测量记录表

粒径/μm	<2	≥2~5	≥5~10	>10	备注
尘粒数/个					
百分比/%					

三、防尘安全技术操作规程

1. 防尘工应完成下列工作

(1) 安装维护防尘管路、设施。

(2) 使用防尘设施进行防尘、洒水。

(3) 负责大巷的刷白工作。

2. 上岗条件

防尘工必须经过专业技术培训,考试合格后,方可上岗。

3. 防尘工需要掌握以下知识

(1) 掌握《煤矿安全规程》对防尘管路、设施以及防尘的有关规定。

(2) 熟悉防尘管路、设施的工作原理。

(3) 了解防尘管路、设施的安装要求。

4. 安全规定

(1) 要保证防尘管路、设施齐全、灵敏可靠。

(2) 确保防尘水源充足,水质符合要求。

(3) 防尘工要按作业规程规定使用防尘管路、设施进行防尘工作。

(4) 操作时,要注意车辆和附近的顶板情况,不得冒险操作。

5. 操作准备

(1) 防尘工刷白巷道应严格按措施要求进行施工。

(2) 下井前应准备好所用工具和器材。

6. 操作顺序

本工种操作应遵照下列顺序进行:检查(水管、装置)→洒水防尘。

7. 安全注意事项

(1) 安装管路时,应按照管路工操作规程进行操作。

(2) 按行走路线,首先对井上(下)的防尘水质进行检查。

(3) 对井下各净化水幕、喷雾装置进行检查。

(4) 对巷道的积尘情况进行检查,如果需要清理,要采取措施进行清理(按照冲刷巷道积尘和刷白巷道的操作方法进行操作)。

(5) 对各作业地点的防尘设施(水幕、爆破喷雾等)以及使用情况进行检查，发现问题及时处理。

（6）采掘工作面的防尘工作应指定专人从事或由采掘工兼任。具体要求是：①采掘工作面均要按规定设内外喷雾装置和架间喷雾装置，并确保正常使用，发现不正常要及时进行修理；②在爆破和割煤过程中，必须打开水幕净化风流；③采掘进工作面，爆破前后必须洒水降尘；④采掘进工作面，坚持使用水炮泥和湿式钻眼法；⑤采掘进工作面坚持使用爆破喷雾装置，确保爆破时产生的爆生粉尘能得到有效控制。

（7）冲刷巷道积尘和刷白巷道操作如下：①冲刷、刷白巷道的人员，要穿雨衣、靴，戴口罩、防护眼镜和绝缘手套等进行工作；②巷道刷白前，应先将巷道积尘冲刷干净；③冲刷或刷白运输巷道时，应事先与运输调度联系，并在冲刷地点里外分别设岗，观察行人和车辆，当人员或车辆通过时，停止冲刷；④冲刷或刷白架线电机车巷道时，应事先与有关部门联系，切断架线电源，并挂上"有人工作，禁止送电"的停电牌，然后再开始工作；⑤冲刷和刷白工作要顺着风流进行。

（8）按照规定时间对巷道进行冲刷和刷白。

（9）发现作业地点的粉尘浓度超标时，可以要求停止作业，采取措施后方可恢复生产。

（10）收尾工作，必须认真填写防尘记录。

四、煤层注水安全技术操作规程

1. 煤层注水的一般规定

（1）钻机司机要持证上岗，遵章作业。

（2）钻机下井前，司机首先学习注水作业规程，掌握后再下井。下井前还要详细检查钻机及配件的完好性，不完好的不得运下井作业。

（3）安装注水泵及钻机时，首先要检查安装位置处的巷道状态，不安全时不准施工。

（4）开钻前要进行试机，发现问题及时处理，然后再开钻作业。

（5）应根据作业规程要求布置钻孔的间距、方位、倾角、长度。

（6）钻孔时应多人一同作业（严禁单人操作），开钻先开水，停钻后停水。

（7）打完钻孔封孔前，先用清水冲净孔内煤粉，然后再封孔。

（8）采用水泥砂浆或封孔器封孔，封孔长度至少为 1 m。

（9）无论是用静压注水还是用动压注水，都应用流量表进行测量，掌握每孔注水量，发现钻孔附近煤壁出水及机巷出现水珠时，可停注，隔一段时间后再对该孔注水。

（10）注水孔超前回采面距离以 20~50 m 为宜。

（11）注水工应做好班记录，内容包括钻孔钻进深度、钻孔直径、各孔注水时间及注水量等，上井后及时填入注水记录台账中。

（12）注水工作告一段落后，要配合工区及时对注水工作进行总结。

2. 煤层注水泵的安装及启动前的准备工作

（1）将泵与电机固定在机座上，通过弹性联轴器将两者连接起来，使泵轴与电机轴同心。将整机放在平稳的枕木上。

（2）将吸水管置于泵体附近，连接管路以不超过 5 m 为宜，避免折弯。吸水管末端应设过滤装置，以防泥沙、杂物吸入管内。

（3）新注水泵使用前应用煤油洗净零件上的防锈脂。

（4）新注水泵或大修后的注水泵，第一次启动前应转动弹性联轴器，检查传动系统是否正常。

（5）检查螺钉是否紧固。

（6）壳体注满润滑油。

(7) 打开注水泵头的放气活栓，向吸水管内灌水，同时搬动弹性联轴器，向泵内引水，然后将水管插入水桶，接好过滤器，关上放气活栓。

(8) 打开排水管道上的阀门。

(9) 向注水泵内输送冷却水。

3. 启动注水泵的操作规定

(1) 注水泵严禁无水运行。

(2) 定期（一般一周左右）更换电机的旋转方向，以确保传动均匀，延长使用寿命。

(3) 注水泵启动后，应注意观察其声响和运转情况是否正常。

(4) 观察注水泵的进出水是否正常，如水量不足或出水管严重抖动，应立即停止运转，重新向泵内引水和排气。

4. 注水泵运转过程中的维护

(1) 新安装的注水泵在开始使用前应空转 8 h，换油 1 次，再使用 3 天、10 天各换油一次，以后每月换油一次。

(2) 观察压力时，只需微微打开高压针型阀即可，打开过大容易引起压力表指引的剧烈抖动。

(3) 缸口的密封圈及中间体的密封圈组的密封位置允许每分钟滴漏 10 滴左右，如滴漏过快，则应停机，适当旋紧调压螺栓，但不可太紧，否则密封部位会因摩擦力过大而发热，影响使用寿命。如密封圈损坏，应及时更换。

(4) 发现有不正常声音时（如阀门撞击、传动系统的异常声音等），应立即停机，排除故障。

(5) 发现注水泵水量不足，而又非排气不彻底引起时，应检查阀门中的密封件是否完好及弹簧是否损坏。发现问题立即处理。

(6) 壳体上的冷却水管接头密封不严时，切忌单方面紧固外露部分的接头螺母，必须拆卸壳体后，用活扳手稳住壳体内侧的六角螺母，方可紧固外露部分的接头螺母，否则会损坏冷却水管。

（7）注水泵较长时间停用时，应在阀孔、阀板、弹簧等部位涂上防锈油脂。

五、裱糊安全技术操作规程

（一）下井前的准备工作

（1）施工人员对设施施工地点、类别、规格、质量、数量和要采取的安全措施必须清楚，否则不准开工。

（2）按照班组长布置的工作任务，带齐所用工具，并将利刃工具装入保护套内。

（3）配备好施工人员，对顶板不好、施工地点条件较复杂的工程应有具体安全措施，并指派有经验的工人现场具体指挥。

（二）施工前的准备工作

（1）根据巷道实际情况和有关规定要求选择好施工地点。施工地点前后5 m范围内巷道支护完好，无杂物、积水、淤泥。根据施工地点巷道的断面和材质要求准备好砖、土、水泥、砂子、木板、木点柱、钉子等材料。

（2）施工前应检查施工地点附近有害气体情况，有害气体浓度超过规定时，必须进行处理，然后方可施工。

（三）施工操作规定

1. 砌筑永久密闭墙操作规定（图3-7）

（1）对建墙地点两帮和顶、底板掏槽，要求见实帮实底。掏槽宽度应大于墙体厚度，并保证施工方便；煤巷掏槽深度不小于0.2 m，岩巷不小于0.1 m，并与煤岩体接实，要求见实帮实底。在掏槽过程中要注意安全，必要时要架设临时支护。在砌碹地点建墙，必须先由掘进或巷修区进行破碹，然后建墙。

（2）砌筑砖石密闭时，通常采用链式砌法，不应出现重缝。要求墙体厚度不小于0.5 m，墙面平整，无空缝。有水的地点要

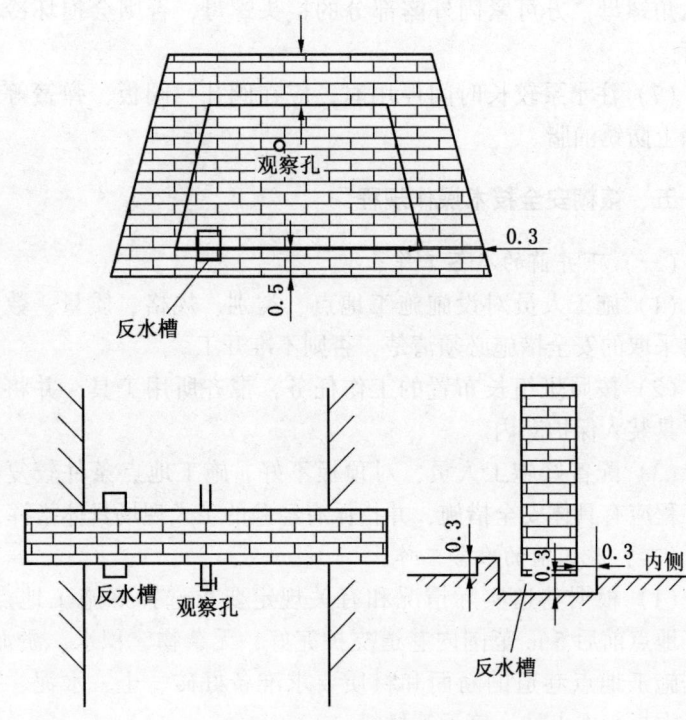

图 3-7 砌筑永久性密闭结构

留设反水池或反水管，必要时还要留设瓦斯观测孔，防火墙要设注浆孔和观测孔，孔口要封堵严密。砌筑墙体需要摆脚手架时，摆架要牢固可靠，注意安全。

（3）垒墙时，如果底部是碎石子，须先用稀灰浆充缝，再铺一层灰浆然后砌砖。

（4）施工中，对顶帮的煤岩应随时找下浮碴，以免已松动的煤岩留在密闭四周，影响密闭的严密性。

（5）密闭墙有特殊需要时，应仔细涂抹墙面，在可能条件下可暂留过人孔，先将里面墙面抹好。当负压较大时，暂不封口，等 24 h 干燥后再封堵过人孔。

(6) 砌筑好墙体后，要抹有不小于 0.1 m 的裙边，并对整个墙面用水泥勾缝；

(7) 建好之后，把剩余物料清理干净，做到人走料净。

2. 砌筑永久风门操作规定

(1) 先将巷道底部掏槽砌平，然后立好门框，让门扇启开迎风流方向，门轴与门框要向顺风方向倾斜，倾斜角度以 3°~5° 为宜。建墙地点的两帮、顶、底板处必须掏槽，掏槽要求与密闭墙相同。矿井进、回风井之间和主要进、回风巷之间建筑的风门必须安设两道联锁的正向风门和两道反向风门，反向风门和正向风门同时砌筑，位置和方向相反。

(2) 砌筑永久风门墙体厚度不小于 0.5 m，要严密不漏风。砌筑风门墙时必须挂线，墙面要平整，无裂缝、重缝和空缝。墙体建好之后，用水泥沙浆进行勾缝，用水泥沙浆填实掏槽处间隙，防止漏风。砌筑墙体需要摆架时，要确保牢固可靠，并注意审帮问顶，确保安全。在砌碹巷道建风门时，必须先由掘进或巷修区进行破碹，防止碹后漏风。

(3) 风门墙体砌筑好后进行上门，并对门框包边沿口、加衬垫、堵漏风，要求四周接触严密，门扇平整不漏风，门扇与门框不歪扭，最后还要在水沟安设挡风帘，通车风门要设底坎。电缆、管子孔要堵严。

(4) 风门挂门扇后，要进行试验检查，要求门扇开关灵活，风门能自动关闭，严密不漏风，不得有扫地刮道现象。

(5) 需要搭脚手架时，一定要搭牢固，脚手架板上不许堆放过多的材料。

(6) 封顶时必须从两边向中间砌，最后用灰浆填严。

(7) 全部建好之后，把剩余物料清理干净，做到人走料净。

3. 建临时密闭墙操作规定

(1) 对临时密闭地点顶、底板和两帮掏槽，见实帮实底，并与煤岩体接实，掏槽时要审帮问顶，注意安全。

(2) 先打设几个牢固的木立柱形成骨架，立柱间距为 1~1.5 m，再从上往下把木板呈鱼鳞式搭接钉在立柱上，依次进行到底。需要摆架时，要注意牢固可靠。墙体与围岩相接触的地方要封堵严实，密闭表面要用黄泥满抹。

(3) 把剩余物料清理干净，做到人走料净。

4. 调节风窗的构筑

在相应的通风设施的正上方留一调节孔，特殊情况也可将调节孔留在两边的上方。其他规定与风墙、风门的构筑相同。

(四) 建筑通风设施注意事项

(1) 在有电缆通过的地点建密闭墙或风门，要加电缆套管。

(2) 在有瓦斯涌出地区施工时，要有瓦斯检查工现场检查瓦斯，瓦斯等有害气体不超限时方准施工。

(3) 特殊情况需要爆破时，必须事先制定安全技术措施，经矿总工程师批准。

(五) 拆除通风设施注意事项

(1) 拆除永久风门、风墙等通风设施时，必须事先制定安全技术措施，经矿总工程师批准，施工现场必须有通风区管理人员现场指挥。

(2) 施工前必须首先审帮问顶，检查巷道完好情况，如巷道不完好，有顶帮开裂、冒顶、掉砟、片帮等危险情况时，必须首先进行处理，确保巷道完好无危险情况时方可施工。

(3) 拆除墙体应从上到下，依次拆除。严禁从墙体中间或下部开始拆除而使墙体整体垮塌。

(4) 拆除永久或临时密闭墙时，必须制定安全技术措施，报集团公司批准。拆除密闭墙前必须首先准备好局部通风机和风筒，密闭墙拆除后，将密闭的巷道积存的瓦斯排除。启封密闭墙和排放瓦斯工作由救护队负责，由矿总工程师或安全副总负责全面指挥。排放瓦斯工作必须严格按《煤矿安全规程》和集团公司有关规定执行。

(5) 拆除火区密闭墙时，事先必须详细观测火区内的一氧化碳、温度、氧气等情况，必须符合火区启封条件，并制定专门措施，报集团公司研究和审批，由救护队进行启封。

六、防灭火安全技术操作规程

（一）直接灭火法的操作

(1) 用灭火器材由外向里，逐步缩小火区范围。

(2) 在挖除火源以前，先用大量的压力水向火源喷射，喷射时由外向内、并控制水量，防止发生水煤气爆炸，再用手镐或耙子将燃烧物扒出。

(3) 待明火熄灭后、火源范围小且能直接到达，可燃物温度已降至70℃以下，且无复燃或引燃其他物质的危险时，挖除火源。

(4) 挖除火源工作要由矿山救护队员来担任，消防灭火工可配合作业。

(5) 扒出余火，用水彻底浇灭，并运出井外。

(6) 挖除火源后形成的空洞，要用不燃性材料（如注砂、注发泡水泥等）充填，同时工作中要注意顶板情况，严禁空顶作业。

(7) 能用水直接灭火的地点，可以使用铁水管（或打钻下管）注水降温处理，尽量减少挖除的煤量，防止巷道冒顶。打钻灭火时的操作参照钻工规程中有关规定进行。

（二）采用直接灭火法时注意的问题。

(1) 各类灭火器材的使用，要严格按照说明书进行。

(2) 用水灭火时，水流方向要与风流方向保持一致；不得用水扑灭带电的电气设备和油料火灾。

(3) 要在火源的上风侧和下风侧设置水幕降温，并设专人在进风、回风范围检查 CH_4、CO 等有毒有害气体。

(4) 挖除火源需要爆破时，除了需要遵照爆破工操作规程外，还需对炮眼采取注水降温的措施，使炮眼温度降至 40 ℃ 以下，方可爆破。

（三）隔绝灭火法的操作

采用直接灭火法无效或火区面积较大时，可以采用隔绝灭火法。构筑防火墙时有 3 种方法：

（1）先进后回法，即先封闭进风侧，然后封闭回风侧，有利于接近火源直接灭火。①在进风侧新鲜风流中，构筑临时密闭，遮断风流，控制火势。②在回风侧构筑临时密闭。③在临时密闭外面，构筑永久防火墙（进、回风侧）。

（2）先回后进法，即先封闭回风侧，然后封闭进风侧，有利于防止事故蔓延。

（3）进回风两侧同时封闭法，有利于防止瓦斯爆炸

（四）构筑防火墙时应注意的问题

（1）合理选择封闭的位置，要尽可能靠近火源位置，封闭区不得存在漏风。

（2）加强火区气体成分的检测，正确判断瓦斯爆炸的危险程度。

（3）使用防爆防火墙施工时，要边通风、边检测、边砌筑，迅速封口，迅速撤离人员。

（五）综合灭火法操作

（1）构筑防火墙封闭时，要根据灭火措施，实施打钻、注凝胶、注高泡等多种灭火手段，联合灭火。

（2）采用打钻灌浆灭火时，其打钻操作，可以参考钻工的操作规程，按照灭火时的安全技术措施执行；灌浆时参考灌浆注砂工操作规程的有关规定执行。

（3）采用灌浆灭火时，对火源要采取自上而下的"浇灌"方式。

（4）注氮气（液氮或气体氮）灭火时，应配合泡沫灭火或注二氧化碳等惰性气体灭火。参照注氮工操作规程中有关规定

执行。

（5）采用均压灭火时，要按照均压灭火设计，通过调整风路系统，设置调压气室或安设调压风机，调节火区进、回风侧的压差，减少漏风。

（六）防灭火注浆要求

1. 井下注浆前的准备工作

（1）应了解工作范围内的注浆管路系统（包括管径、接头方式、阀门型号及安装地点等），入井前准备好扳手、钳子、铁丝等工具材料。

（2）到达工作地点后，应首先检查注浆管路系统，发现问题及时处理；然后检查注浆地点的顶、帮支护情况，有不安全因素要立即处理，禁止违章蛮干。

（3）准备工作就绪后即可打开闸门，然后与制浆站联系，先用清水清洗管路，待管路畅通后再通知送浆，并根据本班工作量及区队布置的任务确定注浆量。

2. 火区或采空区钻孔注浆（图3-8）

（1）首先应由瓦斯检查工检查工作地点有毒有害气体的浓度，不超过《煤矿安全规程》规定的最高允许浓度时，方可进入工作地点，根据区队值班人员安排的注浆孔号及每个钻孔应灌注的浆量进行作业。

图3-8 注浆机

(2) 注浆前,应先进行冲孔,水量应逐渐加大,每孔冲水时间一般不少于 20 min。进水畅通后方可接上注浆管,然后通知制浆站开始送浆。

(3) 注浆期间,注浆工应密切注意管路及各处阀门的情况,发现堵孔或管路漏浆时,应首先通知制浆站停止送浆,同时派人关闭上一级阀门,然后进行处理。正在注浆的钻孔,如发现进浆不正常,应暂停注浆,进行注水冲孔处理。

(4) 班中换孔时,必须先打开改注钻孔的阀门,然后关闭需停注钻孔的阀门。人员应站在孔口两侧,禁止面对孔口。

(5) 注浆时,应将高压胶管用铁丝固定在牢靠的支撑物上,并尽量避免在高压胶管附近停留,以防止胶管崩坏伤人。

(6) 尽量在无浆水的情况下拆管子,特殊情况需在有浆水的情况下拆管子时,平接的先松下方的螺丝,吊挂的管子先松靠帮的螺丝,并用胶皮等盖住管路接头,防止喷水伤人。

(7) 注浆的钻孔,无阀门控制时要用闸板(盖子)或木楔将孔口堵好。

(8) 注浆过程中的检查工作。①检查泄水量的大小、水温的高低、有害气体等,并做好记录。②检查泄水闸门完好情况、水沟的畅通情况等。

(9) 每班下班前,必须先通知制浆站停止送浆,然后将管内存浆全部注入钻孔内。钻孔停止注浆时应用水冲孔,冲孔时间一般不少于 20 min,冲孔后将各处管路、阀门等关闭。

(10) 在回风巷道注浆时,必须随身携带便携式甲烷检测报警仪,瓦斯检查工应连续检查工作区域内瓦斯情况,随时检查二氧化碳情况。

3. 在综采工作面洒浆时应注意的问题

(1) 应在支架下方沿工作面倾向铺设软管,每隔 2~3 个支架安设一个三通阀门,每个三通阀门处接一根 1~2 m 的短管伸入架子后尾处。

(2) 洒浆过程中,应有专人看守管路和阀门,有异常情况时立即关闭阀门。

(3) 工作面看守小阀门的人员,在泥浆到达工作面以后,应注意观察现场,并不断摆动管子,洒满所有角落,不得留有死角,将浮煤全部覆盖后方可开动下一级阀门(每次开阀数量一般2~4个)。洒到距工作面下端30 m左右时,应通知制浆站停止送浆,然后将管内所存泥浆全部放完。管子内不应存浆,并用水冲干净。

(4) 工作结束后应将阀门关闭,在检查管路无其他异常情况后,方可离开现场。

(5) 工作面洒浆一般应每个循环进行一次或按工作面作业规程执行。

4. 在普采工作面洒浆时应注意的问题

(1) 洒浆人员应站在顶板完好的安全地带,如遇顶板不好或有悬矸时,必须及时处理。

(2) 应沿工作面自上而下由采空区向外均匀地洒浆,以保证冒落的矸石、浮煤被泥浆均匀覆盖。

(3) 工作面洒浆一般应每个循环进行一次或按工作面作业规程执行。

5. 工作面埋管注浆

(1) 放顶前,应在采空区预先铺好注浆管,注浆管末端距采煤工作面煤壁保持10~15 m的距离。

(2) 采煤工作面放顶后,注浆人员用电话通知制浆站开始送浆;运输巷有水流出时,即认为采空区已注好浆,此时方可停止注浆。

6. 注浆注意事项

(1) 无论是洒浆,还是注浆,注浆工上井后都必须将当班的工作情况向区队值班人员汇报,并将注浆量及其他情况记入"注浆日报"。注浆记录表可参照表3-4。

表 3-4 注浆记录表　　　年　月　日

工作面名称		跟班队长	
工作面进度			
每小时注浆量/($m^3 \cdot h^{-1}$)		每班注浆量/($m^3 \cdot 班^{-1}$)	
注浆人员			

（2）保持现场卫生，达到文明生产标准。

（3）工作现场有安全隐患必须及时汇报处理，出现异常情况应及时向区队及调度室汇报，禁止违章蛮干。

七、风筒移接安全技术操作规程

1. 下井前的准备工作

（1）按时参加班前会，听取班工长布置工作，必须清楚工作任务，以免发生差错。

（2）按当天安排工作带全工具，以备临时发现问题及时处理。

（3）所用工具要经常检修并妥善保管，携带利刃工具时，必须在利刃端加保护套，以防伤害他人或发生意外事故。

2. 风筒移接操作

（1）风筒工负责所管辖区域内风筒的安装、运送、维修和拆除等工作；及时将不用或损坏的风筒回收升井，并及时修补破损的风筒。

（2）入井必须带足必要的用具和材料，必须熟悉自己分管地区掘进工作面情况，如风筒直径、长度、巷道掘进速度或贯通日期等。

（3）风筒吊挂要平、直、稳，避免车剐、炮崩，必须逢环必挂。铁风筒每节吊挂点，每节风筒末端两侧的挂钩应用铁丝系在巷道帮壁上。

(4) 风筒之间接口要严密。胶质风筒可用双反边接头或三环接头，插接时要顺接。

(5) 使用胶质风筒时，局部通风机和胶质风筒之间要有一节铁风筒过渡。局部通风机和铁风筒的接头处要加垫圈，要上紧螺丝；铁风筒与胶质风筒套接处要用铁丝箍紧。

(6) 风筒的直径要一致；如果直径不一，要有过渡节，严禁花接。

(7) 风筒末端距工作面的距离，按各矿务局的规定执行，但必须保证工作面有足够的风量。

(8) 经常检查井下风筒，如有破口要随时修补，做到不漏风。

(9) 风筒在拐弯处要设弯头或缓慢拐弯，不准拐死弯。分岔处要设三通。

(10) 斜巷和立井掘进时，风筒接头、风筒的绑扎要特别牢固。

(11) 更换风筒时，不得随意停局部通风机，必须停机时，应与掘进工作面的班组长和司机联系，待停止工作、撤出人员后方可更换。当巷道内瓦斯涌出量大时，必须把工作面人员撤到安全地点后再更换风筒。

(12) 巷道掘进完工后，应在通风区的指挥下及时把风筒全部拆除。拆除的风筒要装车运至井上，进行冲洗、晒干和修补。

(13) 拆除风筒时，应由里往外依次拆除。拆除独头巷道风筒时，不准停局部通风机。

(14) 应注意防止运行中的矿车撞、挤、剐风筒。

(15) 横跨带式输送机、刮板输送机操作时，必须先同输送机司机联系好，必要时可暂停输送机运转，以保证操作安全。

(16) 大巷高顶操作时要设台架，工作时要站稳。在电机车运行的巷道中吊挂风筒时，要设安全警戒，严防被电车剐、撞，并应注意采取有效措施，防止架空线触电伤人。

（17）采用抽出式通风方式时，风筒可用硬质风筒和带钢丝骨架的橡胶或塑料可伸缩风筒。塑料或橡胶风筒必须具有抗静电和阻燃的安全性能。

（18）安装钢丝骨架风筒时，在装卸过程中应注意轻装轻放，切勿径向挤压和被锋利杂物碰撞等，以免变形损坏。

（19）在风筒末端（入风口）加接风筒时，应先将加接的风筒吊挂于钢绞线上，再对正接头接好，避免风筒弯曲、折叠堵塞风道。

（20）风筒急拐弯处必须用硬质弧形弯头连接。

（21）采用抽出式或混合式通风方式时，风筒出口或入口到工作面的距离、压入式风筒和抽出式风筒间重叠段长度，应符合各矿作业规程的规定。

（22）风筒升井后，首先应刷洗、晒干，检查风筒损坏情况及耐用程度，再根据检查情况分别处理。

（23）修补风筒时，粘补风筒的胶浆应按要求配制。根据破口大小裁剪补丁，补丁以圆形为好；补丁压边应大于破口尺寸20 mm；为防止补丁补后翘边，补丁边应裁成斜面；补丁和破口应刷净至露出胶质风筒本色，晾干后方可涂上胶浆进行粘合，补丁粘合后应用木手锤砸实，使其粘合严密，保证不漏风；粘好的风筒应再涂上滑石粉。对 100 mm 以上的大破口，必须先用线缝合后再进行粘补。

（24）风筒上的吊环应齐全，吊环间距应保证风筒吊挂平直，两端铁圈要缝牢。如果需要加长风筒时，风筒之间压边粘合的宽度一般为 200 mm。

（25）修补好的风筒应妥善保存，存放的风筒每季度应晾晒一次。

（26）制作三通、弯头及过渡节时，要根据风筒的形状和直径制作，要注意平直。过渡节长度不应小于 2 m。

（27）晾晒、冲洗、清扫风筒时要戴口罩，风筒必须在晾干或吹干后方能粘补。

3. 地面修补风筒

(1) 修补风筒时，粘补风筒的胶浆应按要求配制。根据破口大小，裁剪补丁（以圆形为好）；补丁四周应大于破口 20 mm 以上；补丁边应裁剪成斜面；补丁和破口处应刷净至露出风筒原色，晾干后涂上胶浆进行粘贴，粘贴后应用木锤砸实，使其粘贴严密；最后应再涂上滑石粉。

(2) 100 mm 以上的破口，应先用线缝合，再进行粘贴。

(3) 风筒上的吊环应齐全，能保证风筒吊挂平直；两端铁圈要缝牢。

(4) 修补好的风筒应妥善保存。

(5) 制作过渡节风筒时，长度应大于 2 m。

(6) 修补风筒时风筒必须保证干燥。

(7) 汽油、胶水必须单独存放，应保持严密，周围严禁烟火。

(8) 风筒修理室内不得使用火炉取暖。

(9) 风筒修理室内需配备灭火器材，做好防火工作。

第四章 事故预防和典型事故案例分析

第一节 煤矿生产安全事故及其预防

一、生产安全事故的概念

生产安全事故,是指生产经营单位在生产经营活动中发生的伤害人身安全和健康,或者损坏设备设施,造成经济损失,导致原生产经营活动暂时中止或永远终止的意外事件,包括造成人员死亡、伤害、职业病、财产损失或其他损失的所有意外事件。

二、生产安全事故的类型

1. 按《生产安全事故报告和调查处理条例》分类

根据《生产安全事故报告和调查处理条例》规定,生产安全事故一般分为特别重大事故、重大事故、较大事故和一般事故。造成30人及以上死亡的事故属于特别重大事故,造成10人至29人死亡的事故属于重大事故,造成3人至9人死亡的事故属于较大事故,造成1人至2人死亡的事故属于一般事故。

2. 煤矿事故分类

(1)顶板事故,指冒顶、片帮、顶板掉矸、顶板支护垮倒、冲击地压、露天煤矿边坡滑移垮塌等,底板事故视为顶板事故。

(2)瓦斯事故,指瓦斯(煤尘)爆炸、燃烧,煤(岩)与瓦斯突出,中毒、窒息事故。

(3) 机电事故，指机电设备（设施）导致的事故，包括运输设备在安装、检修、调试过程中发生的事故。

(4) 运输事故，指运输设备（设施）在运输过程中发生的事故。

(5) 爆破事故，指爆破崩人、触响瞎炮造成的事故。

(6) 火灾事故，指煤与矸石自然发火和外因火灾造成的事故，其中煤层自燃未见明火、逸出有害气体中毒视为瓦斯事故。

(7) 水害事故，指地表水、老空水、地质水、工业用水造成的事故及透黄泥、流沙导致的事故。

(8) 其他事故，指以上七类事故以外的事故。

三、生产安全事故的原因

任何事故的发生都是有原因的，生产安全事故也不例外。一般来说，发生生产安全事故的原因，主要包括人的不安全行为、物的不安全状态和管理的缺陷等。

1. 人的不安全行为

(1) 麻痹、侥幸心理，工作蛮干，在"不可能意识"的支配下，发生了安全事故。

(2) 精神疲惫、酒后上班、班中睡觉、擅自离岗、干与本职工作无关的事，以及工作时注意力不集中，思想麻痹。

(3) 不正确佩戴或使用安全防护用品。

(4) 操作和作业时，违反安全规章制度和安全操作规程，未制定或执行相应的安全措施。

(5) 机器在运转时进行检修、调整、清扫等作业。

(6) 在有可能发生坠落物、吊装物的地方下冒险通过、停留。

(7) 在作业和危险场所随意走、攀、坐、靠的不规范行为。

(8) 违规使用非专用工具、设备或用手代替工具作业。

2. 物的不安全状态

（1）防护、保险、警示等装置缺失或存在缺陷。

（2）机械、电气设备维护检修不到位，带"病"运转。

（3）物体的固有性质和建造设计使其存在不安全状态。

（4）设备安装不规范，或超期使用、部件老化。

3. 管理上的缺陷

（1）管理人员在思想上对安全工作的重要性认识不足，将其视为可有可无，日常以麻木的心态和消极的行为对待安全工作，安全法律责任意识淡薄。

（2）规章制度、安全技术操作规程、作业规程、安全技术措施、岗位责任制等，未建立、不健全或不完善。

（3）管理人员不学习、不理解、不彻底落实企业的各种安全规章制度，只注重生产指标，忽视安全检查、安全教育和隐患排查治理。

（4）管理人员安全知识不全面、安全管理能力差、安全管理执行力不强。

四、生产安全事故的预防

1. 严格贯彻落实"安全第一，预防为主，综合治理"的安全生产方针

安全生产工作应当以人为本，坚持安全发展，坚持安全第一、预防为主、综合治理的方针，强化和落实生产经营单位的主体责任，建立健全生产经营单位负责、职工参与、政府监管、行业自律和社会监督的机制。

2. 广泛开展安全教育和培训工作

通过安全教育和培训，不断提高从业人员的安全意识和安全素质，加强自主保安和相互保安，认真学习并贯彻落实《煤矿安全规程》、安全技术操作规程和作业规程等三大规程，杜绝违章指挥、违章作业、违反劳动纪律等"三违"行为。

3. 认真贯彻落实岗位责任制

岗位责任制是企业根据法律法规建立的针对所有从业人员保证安全生产责任层层落实的制度。只有当所有从业人员都按照岗位责任制的要求上标准岗，干标准活，工作中各负其责，才能搞好安全生产工作。

4. 积极开展风险预控、隐患排查治理工作

煤矿作业过程中存在很多风险，因此要求作业人员在从事每项工作前，必须充分认识到作业过程中存在的各类风险，并提前采取有效措施，防止发生各类安全事故。同时，工作中还要经常进行隐患排查，发现问题立即解决或汇报，防止隐患演变成事故。

五、事故处理"四不放过"原则

发生事故后，必须按照"四不放过"的原则进行处理，其具体内容是：事故原因没有查清不放过，事故责任人没有受到处理不放过，事故责任人和广大群众没有受到教育不放过，没有采取防范措施不放过。

1. 事故原因没有查清不放过

发生事故后，必须查清事故的直接原因和间接原因，只有这样，才能根据事故原因制定相应的防范措施，杜绝类似事故再次发生。

2. 事故责任人没有受到处理不放过

发生事故后，或者对人员造成了伤害，或者造成了财产的损失，影响了生产经营单位的经济利益，因此必须严格按照安全事故责任追究的规定和有关法律法规的要求对事故责任人进行处理，对于触犯刑法的，还要依法追究其刑事责任。

3. 事故责任人和广大群众没有受到教育不放过

发生事故后，必须对事故责任者和广大群众进行安全教育，使事故责任者和广大群众了解事故发生的原因、造成的危害和防

范措施，并认真吸取教训，防止类似事故在本岗位和其他相关岗位再次发生。

4. 没有采取防范措施不放过

发生事故后，必须根据事故原因，制定、采取相应的防范措施，以达到防止事故再次发生的目的。

第二节　典型事故案例

一、窒息事故造成人员伤亡

1. 事故经过

××年1月17日早班，机电科某车间技术员召开班前会安排工作，职工朱××点完名后，没有领取自己的矿灯和自救器（借用别人的矿灯、自救器），也没有打卡考勤，直接下井到水仓开泵。由于此处并联通风系统配风不合理，加之附近泄水巷密闭向外泄漏有害气体，致使混合气体积聚，气体超限缺氧。为完成承包任务，避免淹泵，朱××继续开泵，致使其缺氧窒息死亡。17日中班，替班的田××到水仓开泵。21点，当田××走到下山变坡点时，闻有异味，立即退到泵房向值班领导作了汇报。21点45分，矿调度室接到机电调度的汇报后，立即安排通防科瓦斯检查工去现场查气体。18日5点40分，机电科书记汇报，朱××上早班下落不明。矿调度立即向矿领导作了汇报，并安排分两路下井找人。9点40分，通风区区长汇报，在水仓电机附近找到了已死亡的朱××。10点30分，朱××被护送上井到医院。

2. 事故原因

1）直接原因

混合气体超限，缺氧窒息死亡。

2）主要原因

（1）通风管理不善，配风不合理。

(2) 巷道失修，因积水造成通风断面小，通风阻力大，供风不足。

(3) 没有定期测风、合理配风。

(4) 技术管理不到位，并联风路，风量分配不合理。

(5) 没有定期监测和维修附近工作面老塘密闭，造成的害气体泄漏。

3) 间接原因

(1) 单位管理不到位，以包代管，工作安排不细。

(2) 职工自主保安意识差。

(3) 矿上管理不严，部门没有把好关。

3. 防范措施

(1) 要狠抓安全责任制的落实，严格执行《煤矿安全规程》并落到实处，从根本上提高职工对隐患的防范能力。

(2) 要加强通风技术管理，定期测风、合理配风。

(3) 要组织职工加强学习"三大规程"及安全技术措施，加强安全意识教育，增强安全自保、互保意识。并结合此次事故教训，举一反三，深刻反思，开展好警示教育。

(4) 要进一步明确和落实各级安全生产责任制，强化关键工序和重点隐患的双重预警，并加强特殊作业人员的安全管理。

(5) 各级管理人员要冷静下来，深刻反省自己的工作，深刻反省违章指挥的危害性，真正找出自己工作中的不足之处，在工作中要以身作则，靠前指挥，坚决杜绝安全事故的发生，确保矿井安全生产。

二、砌碹巷道维修伤人事故

2006年4月8日八点班，某矿巷修区在北下山二车场集中巷修碹作业时，王××被顶板掉下一大块矸石砸住，造成大腿骨折。

1. 事故地点概况

北下山二车场集中巷作为采区运料、行人、通风的一个车场。巷道修理段为顶板岩巷，因年久失稳需扩帮维修。设计修理长度80 m，巷道为直墙半圆拱，采用石碹支护，巷宽3.0 m，巷高2.5 m。作业方式：循环进尺1.0 m，风镐配合人工施工。临时支护：采用架棚进行临时支护，最大空顶距1.0 m。施工流程：加固超前支护→扩帮出渣→砌墙→挑顶→审顶→临时支护→立半圆拱→砌顶→出渣→支护成型→撤拱。

2. 事故经过

2006年4月8日八点班，某矿巷修区在北下山二车场集中巷修碹作业。本班出勤9人，具体分工为：班长1人，巷修工5人，辅助工3人。接班后，班长王××安排3名辅助工去调车，2名巷修工加固超前支护，自己则带领张××、李××等3人在施工地点修碹作业。10点，加固超前支护结束，准备挑顶作业。为了省力，王××叫张××、李××把矿车推到挑顶地点，想让挑顶下来的矸块直接掉到矿车内。10点20分，在挑顶过程中王××因站在矿车和巷修点之间，无从躲避，被顶板掉下一块长0.5 m、宽0.4 m、厚0.3 m的矸石砸住，造成大腿骨折。

3. 事故原因

（1）施工人员站在矿车前的挑顶范围内作业，导致挑顶时退路不畅通。

（2）挑顶时违章作业，用矿车接矸。

（3）区队现场管理不到位，职工缺乏必要的安全意识，自主保安意识不强。

4. 防范措施

（1）加强现场管理，区队要对职工安全和岗位技能进行培训，增强职工自主保安意识，提高职工自主保安能力，对施工地点的安全隐患及现场薄弱环节做到预想预处。

（2）挑顶作业必须保持退路畅通，人员严禁站在矿车前的挑顶范围内，应严格执行一人放顶、一人观测顶板的制度。

（3）挑顶下来的矸石必须人工装载，严禁用矿车接矸。

三、擅自打开密闭墙，造成瓦斯超限事故

某矿掘一区在 2404 瓦斯抽放巷修棚，在没有任何安全技术措施，没有瓦斯检查工、安全检查工、救护队员和现场指挥的情况下，工作人员擅自打开密闭墙造成瓦斯超限事故。

1. 事故地点概况

2404 抽放巷主要用途为服务 24061 工作面瓦斯抽采钻孔施工，位于 24061 工作面中部，斜长 100 m，倾角 17°，采用 2.8 m 工钢支护，棚距 0.4 m，巷道净断面 7.8 m。该巷道于 2009 年 11 月贯通，根据生产需要，通风区随即在巷道两端设置了临时密闭板墙。

2. 事故经过

2010 年 1 月 7 日六点班，掘一区副区长黄××值班，安排六点班在已密闭的 2404 瓦斯抽放巷修棚。杨××等 4 人清理后往前修棚，私自扒开密闭墙，在没有检查和排放瓦斯及其他有毒有害气体的情况下，进入盲巷内修棚作业，导致回风口瓦斯浓度达到 3% 以上，造成瓦斯超限。后被安全检查工发现后，责令其立即停止修棚，撤出人员，重新打好密闭墙。

3. 事故原因

（1）副区长黄××对瓦斯管理意识不强，重生产轻安全思想严重，违章指挥，在没有专项安全技术措施的情况下，安排工人擅自扒开密闭墙，这是造成瓦斯超限事故的直接原因。

（2）职工杨××等 4 人安全意识不强，自主保安能力较差，没有做到拒绝违章指挥和作业，是导致事故的间接原因。

4. 防范措施

（1）现场立即停止向前修棚，撤出人员，并重新打好密闭墙。每次密闭墙拆除前必须制定专项安全技术措施，并在现场配齐瓦斯检查工、救护队员、瓦斯排放指挥人员，在检查和确认密闭墙内无有毒有害气体及其他威胁时，方可实施拆除。

（2）加强现场管理，跟班领导要靠前指挥，监督检查措施和制度在现场的落实，杜绝区队管理人员违章指挥和职工违章作业。

（3）职工应深刻吸取教训，加强瓦斯管理知识的学习，提高自主保安能力，拒绝违章指挥和强令冒险作业。

四、矿井内因火灾事故

1. 事故矿井概况及事故发生经过

事故矿井于××年12月移交投产，该矿井设计生产能力为300万t/a，是瓦斯突出矿井，相对瓦斯涌出量14.7 m^3/t，煤自燃发火期3~6个月。中央并列单一对角混合式通风。

2. 事故发生经过

××年12月23日5时许，该矿东翼胶带机巷-540~-530 m上山段过C13煤层高冒区严重自然发火，经过紧张的抢险，于12月25日早班稳定了火情，中班恢复了生产。

事故发生的东翼胶带机巷-540~-530 m上山段过C13煤层高冒区。该运输巷设计走向长900 m，主体是平巷，平均标高-540 m。其中变坡点至煤仓（缓冲仓）斜长约200 m，安装4号胶带机。缓冲仓上标高为-480 m。东翼胶带机巷主要用于东部出煤运输，于1999年初正式投入使用。在东一该大巷过C13槽煤层，煤层平均厚度4.8 m，煤层倾角6°~8°，直接顶为砂质泥岩。过煤层施工大巷过程中大量顶煤高冒，冒顶高度达5 m，长度约10余米。采用木垛接顶，金属网、水泥背板腰帮过顶，U型钢支护，并进行喷浆处理。

5时45分救护队闻警后迅速达到现场进行侦察。侦察结果为：通风（行人）联络巷以上胶带机道浓烟弥漫，能见度小于1 m，联络巷口向上70 m巷顶部观察到木垛已被引燃。巷内CO浓度为$2200×10^{-6}$、CH_4为0.3%，CO_2为0.1%。第一救护小队首先在第1个高温点处，用水管直接灭火，试图减火势，效果不理想。虽然火区存在范围广、烟雾大、能见度低、CO 浓度高等困难，但也具备上山运输，水、风、电完好，CH_4 浓度小等有利条件。灭火指挥组经认真研究后，慎重作出以下综合灭火方案：

（1）喷浆堵塞，初步隔绝供氧，控制烟雾。

（2）寻找高温点，采用直接打钻注水法，密集钻孔，吸热降温。

（3）火势得到控制后，利用双液注浆泵向高冒区注入凝胶，进行彻底隔离灭火。

（4）在综合灭火同时，矿方准备封闭材料，以备灭火无效时，实施封闭。

灭火方案的实施：

（1）喷浆。由于火区煤壁温度高，喷浆难度大，且救护队无此专业人员，经研究决定，首先由救护队对矿方抽出的喷浆技术较高的专业人员进行短时间氧气呼吸器佩用培训，然后指派专职人员佩用呼吸器进入灾区，进行喷浆设备安装和材料提交。23 日 10 时，开始喷浆。喷浆覆盖东翼胶带机巷过 C13 煤层及其前后 10 m 的范围。由于环境恶劣，喷浆返弹率较大，工作十分困难，需补喷 2 遍至 3 遍。至 24 日 8 时 50 分，CO 浓度由喷浆前 $2200×10^{-6}$ 降至 $800×10^{-6}$。10 时 40 分又降至 $500×10^{-6}$，烟雾也逐渐消退。15 时，过 C1 煤层段喷浆完毕。

（2）打钻注水。24 日上午，在喷浆的同时，附近煤矿来协助火区处理。首先由救护队用红外测温仪探明 3 处高温点。用煤电钻向高冒处高温点打了第一个钻空（孔深 7 m，此钻空在第 2 个高温点上 3 m 处）。17 时，救护队又利用快速防火墙在高冒发火区域内，对冒烟严重处和支架边缝进行堵漏，效果比较理想。

因考虑到注水时可能存在的水煤气爆炸，人员撤至联络巷下口东一副石门。18 时，开始注水。18 时 15 分，救护队进行侦察，发现从支架边缝窜出蓝火，顶板未见淋水出来。人员撤下来汇报情况后，分析注水后产生水煤气发生燃烧。10 min 后，再进行侦察，未发现蓝火，顶板开始淋水，出水温度 80 摄氏度。18时 50 分，CO 降至 $300×10^{-6}$，烟雾减少。

夜班时，又在火点区域打了 16 个钻孔。因水量不够，临时把压气管又改成水管，加强注水。至 25 日 6 时，CO 浓度降至 $20×10^{-6}$，钻孔出水温度 35 ℃，巷温 22 ℃，CH_4 浓度为 0.25%，CO_2 浓度为 0.05%，无烟雾和水蒸气。火情基本得以控制。

（3）注凝胶。为了对事故区域进行彻底处理，灭火指挥组提出了进一步处理意见。主要是：①继续对高温区打钻注水；②对整个过煤段继续喷浆堵漏；③从 25 日早班开始安装双液注浆泵注凝胶，对火点彻底隔离。至 25 日 11 时 20 分，测得 CO 无，CH_4 浓度为 0.1%，CO_2 浓度为 0.05%，钻孔出水温度 30 ℃，巷道气温 22 ℃。18 时，胶带机清理工作完毕后，矿方恢复生产。其间，凝胶注入量为 755kg。

3. 事故原因

（1）因冒高处漏风，造成煤自燃并引燃支护木垛，过煤段高冒区处理时采用木垛接顶，未用不燃性材料充填，为火势扩大提供了物质基础。

（2）受回采矿压影响，过煤段附近浆皮脱落，产生裂缝，同时过煤段高冒区与采空区裂隙沟通，形成漏风通道，另外，又是下行风，进而形成有适合自燃的连续供氧条件。

（3）因是冬季，通风眼被人为堵上，造成胶带机道处于微风状态。高冒区氧化热量不能迅速带走，从而形成了良好的蓄热条件。

（4）由于缺乏对过煤段高冒区原高温点（1992 年曾出现良燃征兆）的早期预测预报工作，造成火灾扩大，转为明火阶段。

4. 防范措施

（1）设计部门在设计巷道过程中，不仅要考虑采掘布置合理性，还要从通风、防火等安全角度统筹考虑，尽量使设计的巷道不穿过煤层。

(2) 在遇过煤段，应及时调整掘进工艺和加强支护，尽量保护好巷道顶板的完整性，防止形成高冒区。

(3) 加强火灾预测工作，对可能产生火源的空间位置及其发火的危险程度，进行火灾危险性评价，尤其要对高冒、巷道过煤段要加强预测。

(4) 已造成高冒区后，要认真预防，及时用不燃性材料充填密实或喷浆堵漏，注速凝材料等。

(5) 做好火灾的预报工作。高冒区埋设观测管，这样可在煤的自燃发展过程中，利用先进的仪器（CO便测仪、红外测温仪以及取样化验分析等手段）采集火灾信息，及时预报火情。

(6) 加强通风系统管理，建立稳定合理的通风系统，对于所有的通风巷道，特别是煤巷、半煤巷、穿煤巷道的经过风量必须满足《煤矿安全规程》规定的风速要求。不得随意改变通风状态，以免造成自燃的蓄热条件。

5. 事故处理经验

(1) 本次事故处理整体方案制定正确，最大限度地减少了经济损失。因该胶带机担负该矿东一、东二采区出煤任务，日出煤量 3000 余吨，如对该巷实施封闭，将造成巨大的经济损失。通过救护队现场侦察情况，指挥组快速果断采取喷浆注水后再注凝胶的综合灭火方案，仅用 2 天时间就控制了火情，整体方案正确起了关键作用。

(2) 此次灭火期间，因抢险人员始终处于烟流回风侧，烟雾大，影响抢险作业。有人提议开缓冲仓门，调风减小烟雾，但指挥组认为增风后虽能减少烟雾，但同时将造成火情扩大，故始终保持原状通风，对火情发展也起到了一定的控制作用。

(3) 此次事故在指挥组统一指挥下，采用救护队和矿方联合作战，在救护队实施保护下，非救护人员佩带氧气呼吸器进入灾区施工作业，开创了抢险救灾工作的先例，提高了事故处理的速度和有效性，是一种管理上的创新。但这种做法是有前提的，即非救护人员必须掌握呼吸器的使用技能，同时工作处相对较为安全：一是作业人员大都距新鲜风只有70多米，二是CO浓度不算非常高，三是无爆炸危险。

（4）救护队在事故处理中，使用红外测温仪寻找高温点，提供打钻注水方位，新材料、新装备的投入运用，提高了队伍的整体作战能力。

（5）在使用注水法之前，为防止水煤气燃烧或爆炸，人员撤离现场，为以后类似事故处理积累了经验。

参 考 文 献

[1] 国家安全生产监督管理局,中国煤炭工业协会国家煤矿安全监察局.煤矿安全生产标准化基本要求及考核评分办法(试行)[M].北京:煤炭工业出版社,2017.
[2] 国家安全生产监督管理总局宣传教育中心.煤矿班组长[M].北京:中国工人出版社,2009.
[3] 国家安全生产监督管理总局宣传教育中心.机电班组长[M].北京:中国工人出版社,2009.
[4] 国家煤矿安全监察局行管司.机电班组长[M].北京:煤炭工业出版社,2009.
[5] 国家安全生产监督管理总局,国家煤矿安全监察局.煤矿安全规程[M].北京:煤炭工业出版社,2016.
[6] 任连贵,梁王亮.测风测尘工[M].徐州:中国矿业大学出版社,2008.

附表1 井下常用禁止标志及设置地点

编号	符号、名称	设置地点	编号	符号、名称	设置地点
1	禁带烟火	煤矿井口或井下	6	禁止扒乘矿车	井下运输大巷交叉口、乘车场、扒车事故多发地段
2	禁止酒后入井	人员出入的井口	7	禁止穿化纤服装	人员出入的井口
3	禁止明火作业	禁止明火作业的地点	8	禁止放明炮、糊炮	井下采掘工作面
4	禁止启动	不允许启动的机电设备	9	禁止井下随意拆卸矿灯	入井口、井下工作面
5	禁止合闸	变电室、移动电源开关停电检修等	10	禁止扒、登、跳人车	井下巷道每隔50 m设一个

附表1（续）

编号	符号、名称	设置地点	编号	符号、名称	设置地点
11	禁止乘人登钩	串车提升上下井	15	禁止驶入	线路终点和机车禁止驶入地段
12	禁止跨输送带	链板、带式输送机、钢丝绳牵引运输不许跨越的地方，间隔30 m设置	16	禁止通行	井下危险区、爆破警戒处、不兼作行人的绞车道、材料道及禁止行人通道口
13	禁止入内	井下封闭区、瓦斯区、盲巷、废弃巷道及禁止人员入内的地点	17	禁止井下睡觉	井下各工序岗位和作业区
14	禁止停车	井下禁止停放车辆的地段	18	禁止同时打开两道通风口	井下巷道风门处

附表1（续）

编号	符号、名称	设置地点	编号	符号、名称	设置地点
19	禁止料罐乘人	料罐井口	20	禁止攀牵线缆	井下敷设有电缆、信号线等的巷道内

附表2　井下常用警告标志及设置地点

编号	符号、名称	设置地点	编号	符号、名称	设置地点
1	注意安全	提醒人们注意安全的场所及设备安置的地方	4	当心火灾	井下仓库、爆炸材料库、油库、带式输送机、充电室和有发火预兆的地点
2	当心瓦斯	井下瓦斯积聚地段、盲巷口、瓦斯抽放地点、巷道冒高处	5	当心水灾	井下有透水或水患地点
3	当心冒顶	井下冒顶危险区、巷道维修地段	6	当心突出	井下煤（岩）与瓦斯突出危险作业区

附表2（续）

编号	符号、名称	设置地点	编号	符号、名称	设置地点
7	当心有害气体中毒	井下 CH_4、CO、H_2S、NO_X 等有害气体危险地点	12	当心发生冲击地压	井下有冲击地压危险的区域
8	当心爆炸	爆炸材料库、运送炸药雷管的容器和设备上	13	当心片帮滑坡	井下有片帮、滑坡危险地段
9	当心触电	有触电危险部位	14	当心矿车行驶	井下行人巷道与运输巷道交叉处、井下兼作行人的倾斜运输巷道内
10	当心坠落	建井施工、井筒维修及井内高空作业处	15	当心绊倒	井下地面有障碍物，绊倒易造成伤害的地方
11	当心坑洞	井下溜煤眼、溜矿井、溜矿仓	16	当心滑跌	井下巷道有易造成伤害的滑跌地点

附表2（续）

编号	符号、名称	设置地点	编号	符号、名称	设置地点
17	当心交叉道口	井下巷道交叉口处	19	当心道路变窄	井下巷道前方变窄的地段
18	当心弯道	井下巷道拐弯处	20	当心机械伤人	有机械伤人危险的地点

附表3 井下常用指令标志及设置地点

编号	符号、名称	设置地点	编号	符号、名称	设置地点
1	必须戴安全帽	人员出入井口、更衣房、矿灯房等醒目地方	3	必须携带矿灯	入井口处、更衣室、矿灯房等醒目地方
2	必须携带自救器	入井口处、更衣室、领自救器房等醒目地方	4	必须穿戴绝缘保护用品	井下变配电所（硐室）

附表 3（续）

编号	符号、名称	设置地点	编号	符号、名称	设置地点
5	必须戴防尘口罩	井下打眼施工、炮烟区	9	必须走人行道	井下人行道两端
6	必须穿工作服	入井口处、更衣室	10	必须系安全带	建井施工处、井筒检修地点
7	必须持证上岗	井口、配电室、炸药库等必须出示上岗证的地点	11	必须桥上通过	井下设有人行桥的地方
8	必须加锁	剧毒品、危险品库房等地点	12	鸣笛	井下机车通过巷道交叉处、道岔口和弯道前 20~30 m 的鸣笛处

附表4 井下常用路标、名牌、提示标志及设置地点

编号	符号、名称	设置地点	编号	符号、名称	设置地点
1	紧急出口	设在井下采区安全出口路线上（间隔100 m）和改变方向处	5	沉陷区	井下地表沉陷滑落区
2	电话	井下通往电话的通道上	6	回风巷道	井下回风巷道
3	躲避硐	井下通往躲避硐室的通道及躲避硐室入口处	7	前方慢行	井下风门、交叉道口、弯道、车场、翻罐等须减速慢行地点
4	急救站	井下通往急救站的通道上	8	放炮警戒线	井下爆破警戒线处

附表4（续）

编号	符号、名称	设置地点	编号	符号、名称	设置地点
9	进风巷道 ←	井下进风巷道	12	←××水平→ ××石门 ××石门 ××石门	××水平大巷
10	××危险区 ←	井下火灾、瓦斯、水患等危险区附近	13	正在检修 不准送电	根据需要自行设置
11	安全出口→ 副 避灾路线 井	通往安全出口的巷道	14	避有毒有害气体路线 ←	井下躲避有毒有害气体路线的通道上